Adobe Photoshop 2020
实战案例教材

火星时代　主编

邓爱花　黄金献　编著

人民邮电出版社

北　京

图书在版编目（ＣＩＰ）数据

Adobe Photoshop 2020实战案例教材 / 火星时代主编；邓爱花，黄金献编著. -- 北京 ：人民邮电出版社，2022.7
ISBN 978-7-115-58747-3

Ⅰ．①A… Ⅱ．①火… ②邓… ③黄… Ⅲ．①图像处理软件—教材 Ⅳ．①TP391.413

中国版本图书馆CIP数据核字(2022)第033729号

◆ 主　　编　火星时代
　　编　　著　邓爱花　黄金献
　　责任编辑　赵　轩
　　责任印制　陈　犇

◆ 人民邮电出版社出版发行　　北京市丰台区成寿寺路 11 号
　　邮编　100164　　电子邮件　315@ptpress.com.cn
　　网址　https://www.ptpress.com.cn
　　雅迪云印（天津）科技有限公司印刷

◆ 开本：787×1092　1/16
　　印张：10　　　　　　　　　　2022 年 7 月第 1 版
　　字数：177 千字　　　　　　　2022 年 7 月天津第 1 次印刷

定价：69.90 元

读者服务热线：(010)81055410　印装质量热线：(010)81055316
反盗版热线：(010)81055315
广告经营许可证：京东市监广登字 20170147 号

本书编委会名单

编　著：邓爱花　黄金献

编委会：王星星　天津市第一轻工业学校
　　　　王　媛　火星时代教育互媒学院
　　　　王　岩　火星时代教育互媒学院

随着移动互联网技术的高速发展，数字艺术为电商、短视频、5G等新兴领域的飞速发展提供了前所未有的强大助力。以数字技术为载体的数字艺术行业，在全球范围内呈现出高速发展的态势，为中国文化产业的再次兴盛贡献了巨大力量。据2019年8月发布的《中国数字文化产业发展趋势研究报告》显示，在经济全球化、新媒体融合、5G产业即将迎来大爆发的行业背景下，数字艺术还会迎来新一轮的飞速发展。

行业的高速发展，需要持续不断的"新鲜血液"注入其中。因此，我们要不断推进数字艺术相关行业职教体系的发展和进步，培养更多能够适应未来数字艺术产业的技术型人才。在这方面，火星时代（全称北京火星时代科技有限公司）积累了丰富的经验。作为我国较早进入数字艺术领域的教育机构，自1994年创立"火星人"品牌以来，该机构一直秉承"分享"的理念，毫无保留地将最新的数字技术分享给更多的从业者和大学生，使我国的数字艺术教育成果显著。27年来，火星时代一直专注于数字技能型人才的培养，"分享"也成为我们刻在骨子里的坚持。现在，我们每年都会为行业输送数以万计的优秀技能型人才，教学成果、图书教材和教学案例通过各种渠道辐射全国，很多艺术类院校和相关专业都在使用火星时代编著的教材或提供的教学案例。

火星时代创立初期以图书出版为主营业务，在教材的选题、编写和研发上自有一套成功的经验。从1994年出版第一本《三维动画速成》至今，火星时代已出版图书超100种，累计销量已过千万册。在纸质出版图书从式微到复兴的大潮中，火星时代的教学团队从未中断过在图书出版方面的探索和研究。

"教育"和"数字艺术"是火星时代长足发展的两大关键词。教育具有前瞻性和预见性，数字艺术又因与计算机技术的发展息息相关，一直都处在时代的最前沿。而在这样的环境中，"居安思危、不进则退"成为火星时代发展路上的座右铭。我们也从未停止过对行业的密切关注，尤其重视由技术革新带来的人才需求的新变化。2020年上半年，通过对上万家合作企业和几百所合作院校的最新需求调研，我们发现，对新版本软件的熟练使用，是联结人才供需双方诉求的最佳结合点。因此，我们选择了目前行业需求最急迫、使用最多、版本最新的几大软件，发动具备行业一线水准的火星时代精英讲师，精心编写了这套基于软件实用功能的系列图书。该系列图书内容全面，覆盖软件操作的核心知识点，还创新性地搭配了按照章节划分的教学视频、课件PPT、教学大纲、设计资源及课后练习题，非常适合零基础读者，同时还能够很好地满足各大高等专业院校或高职院校的视觉、设计、媒体、园艺、工程、美术、摄影、编导等相关专业的授课需求。

学生学习数字艺术的过程就是攀爬金字塔的过程，从基础理论、软件学习、商业项目实战、专业知识的横向扩展和融会贯通，一步步地进阶到金字塔尖。火星时代在艺术职业教育领域经过27年的发展，已经创造出一整套完整的教学体系，帮助学生在成长的每个阶段完成挑战，顺利进入下一阶段。我们出版图书的目的也是如此。在这里也由衷感谢人民邮电出版社和Adobe中国授权培训中心的大力支持。

美国心理学家、教育家本杰明·布卢姆（Benjamin Bloom）曾说过："学习的最大动力，是对学习材料的兴趣。"希望这套浓缩了我们多年教育精华的图书，能给您带来极佳的学习体验！

王琦

火星时代教育创始人、校长

软件介绍

Photoshop 是 Adobe 公司推出的一款图像处理软件。摄影师可以用 Photoshop 对照片进行调色、修复瑕疵、美化人物皮肤和形体等操作；平面设计师可以用 Photoshop 设计海报、广告等视觉作品；插画师可以用 Photoshop 绘制数字绘画作品；网页设计师可以用 Photoshop 绘制图形、图标，设计网页的视觉效果……Photoshop 拥有强大的图层、选区、蒙版、通道等功能，可以用来完成专业的调色、修图、合成等工作，创作出震撼人心的视觉效果。

本书是基于 Photoshop 2020 编写的，建议读者使用该版本软件。如果读者使用的是其他低于此版本的软件（该软件会缺少一些功能），也可以正常学习本书大部分的内容。

内容介绍

第 1 课 Photoshop 商业实战入门，讲解 Photoshop 的应用领域、商业平面设计的构图方式和工作流程、图像与色彩基础。

第 2 课 Photoshop 2020 的核心操作，讲解 Photoshop 的工作界面、文件的基本操作、图像的操作。

第 3 课名片设计实战，讲解名片分类、名片排版及尺寸，通过一个实战项目进行个人名片设计实操。

第 4 课文字海报设计实战，讲解标题文字的设计技巧、标题的重要性、常用标题文字表现形式，通过 3 个实战项目分别展示如何针对不同需求进行不同风格标题文字设计。

第 5 课 DM 单设计实战，讲解 DM 单的设计规范、DM 单版面构成原则，通过两个实战项目展示排版规范和排版技巧。

第 6 课海报设计实战，讲解海报的概念和分类、海报尺寸，通过 4 个海报设计实战项目，展示不同风格海报的表现技巧。

第 7 课书籍装帧设计实战，讲解书籍装帧的概念、封面设计要素、封面设计原则，结合两个实战项目展示书籍封面设计的文档创建方法和封面排版技巧。

第 8 课图标设计实战，讲解图标设计的概念、图标设计风格、图标设计原则，通过两个实战项目讲解系列图标设计的技巧以及写实类图标的表现技巧。

第 9 课启动页设计实战，讲解启动页设计的概念、启动页的表现形式，通过两个实战项目进一步阐述启动页的设计思路和表现技巧。

第 10 课网页设计实战，讲解网站的分类、网站的布局、网站的尺寸和文字规范，通过两个实战项目分别讲解如何进行企业网站和电商网站的设计。

本书特色

本书内容循序渐进，理论与应用并重，能够帮助读者全面掌握不同应用领域的视觉设计技巧。此外，本书有完整的课程资源，还在书中融入了大量的视频教学内容，可以帮助读者更好地理解、掌握各种设计和表现技巧。

本书有别于纯粹的软件技能和案例教学图书，主要针对平面排版设计、商业运营海报设计、图标和网站设计工作，先讲解相关理论知识，再通过实践案例加深读者理解，让读者真正做到活学活用。

资源

本书包含大量资源，包括案例讲解视频、讲义、素材。视频与书中实战案例相辅相成、相互补充；讲义可以帮助读者快速梳理知识要点，也可以帮助教师制订课程教案；素材可以帮助读者制作案例，进行实操，巩固学习效果。

作者简介

邓爱花：平面设计师，UI设计讲师，专注于平面创意、版式设计、网页设计等领域，有10年设计工作经验，长期服务于火星时代教育互动媒体专业，主要进行UI课程的案例研发。

黄金献：广西职业技术学院党总支书记、院长，先后在梧州师范学校（现并入梧州学院）、南宁日报社《八桂都市报》、自治区党委宣传部桂龙新闻网、广西日报传媒集团广西新闻网工作，曾任教师、团委书记、记者、编辑、主编、总编辑助理等职。

读者收获

学习完本书后，读者可以熟练地掌握Photoshop的操作方法，还能对平面排版设计、商业运营海报设计、图标和网站设计等工作有更深入的理解。

本书在编写过程中难免存在错漏之处，希望广大读者批评指正。如果读者在阅读本书的过程中有任何建议，可以发送电子邮件至zhaoxuan@ptpress.com.cn。

编者

2022年4月

课时建议

课程名称	Adobe Photoshop 2020实战案例教材			
教学目标	使学生掌握名片设计、文字海报设计、DM单设计、海报设计、书籍装帧设计、图标设计、启动页设计、网页设计等技巧			
总课时	64（含17个作业课时）	总周数	8	
课时安排				
周次	建议课时	教学内容		作业课时
1	1	Photoshop 商业实战入门（第1课）		1
	2	Photoshop 2020的核心操作（第2课）		1
	2	名片设计实战（第3课）		1
2	6	文字海报设计实战（第4课）		2
3	6	DM单设计实战（第5课）		2
4	6	海报设计实战（第6课）		2
5	6	书籍装帧设计实战（第7课）		2
6	6	图标设计实战（第8课）		2
7	6	启动页设计实战（第9课）		2
8	6	网页设计实战（第10课）		2

除第1、2课外本书以课、实战准备、知识点、实战项目和本课作业对内容进行了划分。

课 每课将讲解具体的功能或项目。

实战准备 对开展实战项目时必学必会的知识点进行讲解。

知识点 将实战项目涉及的理论基础分为几个知识点进行讲解。

实战项目 对该课知识进行实战演练。

本课作业　第3课至第10课配有与该课内容紧密相关的作业，作业题均提供了详细的作品规范、素材和要求，并配有相应的作业要点提示，可帮助读者检验自己是否能够灵活掌握并运用本课所学知识。

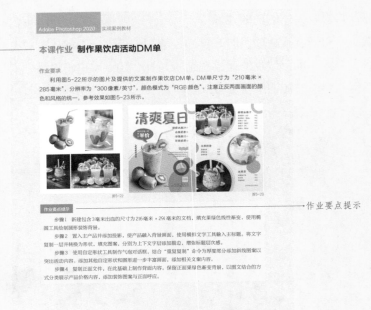

资源获取

本书附赠资源包括案例讲解视频、讲义和所有案例的素材文件。登录QQ，搜索群号"830688926"加入Photoshop图书服务群，或扫描下方二维码，关注微信公众号"职场研究社"，并回复"58747"，即可获得本书所有资源的下载方式。

职场研究社

第 1 课 Photoshop 商业实战入门

第 2 课 Photoshop 2020 的核心操作

第 3 课 名片设计实战

目录

第 4 课　文字海报设计实战

第 5 课　DM 单设计实战

第 6 课　海报设计实战

目录

第 10 课 网页设计实战

第 **1** 课

Photoshop商业实战入门

随着时代的发展，人们的审美水平在不断提高，Photoshop的
使用也变得越来越广泛。本章将介绍Photoshop的应用领域，
以及一些平面设计的基本知识。

第1节 Photoshop的应用领域

Photoshop是Adobe公司出品的一款优秀的图像处理软件，其主要应用领域有哪些呢？下面将从8个方面来介绍。

知识点 1 照片处理

照片处理是Photoshop应用最为广泛的领域之一。Photoshop具有一系列完备的图像修饰工具，利用这些工具，设计师可以快速修复照片中的问题，调整照片的色调，以及为照片添加装饰元素等，如图1-1所示。

图1-1

知识点 2 平面设计

平面设计也是Photoshop应用较为广泛的领域。无论是各种产品的包装，还是宣传用的贴纸海报、杂志封面等，这些具有多元化素材的平面作品都可以使用Photoshop来设计，如

图1-2和图1-3所示。

图1-2

图1-3

知识点 3 网页设计

随着互联网电商规模的不断扩大，电商对网页设计的需求持续增加，对其质量的要求也日益提高。使用Photoshop可以进行网页的设计和美化，如图1-4所示。

图1-4

知识点 4 UI 设计

随着手机等移动设备的普及，UI设计受到越来越多的企业及开发者的重视。在进行UI设计时，很多设计师都会使用Photoshop，如图1-5所示。

图1-5

知识点 5　文字设计

文字设计也离不开 Photoshop，使用 Photoshop 可以制作出多种特效文字，使画面更加丰富多彩，如图 1-6 所示。

图1-6

知识点 6　插画创作

Photoshop 拥有一整套功能强大的绘画工具，设计师可以使用 Photoshop 绘制出各种类型的精美插画，如图1-7所示。

图1-7

知识点 7 三维设计辅助

Photoshop可以辅助进行三维设计，如对效果图进行修饰、搭配场景、处理色调，以及给三维模型制作贴图等，如图1-8和图1-9所示。

图1-8

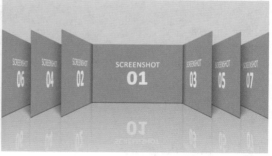

图1-9

知识点 8 合成

合成指的是设计师结合自己的"奇思妙想"，利用Photoshop将一些不相关的素材打造成富有创意的画面，并赋予作品独特的含义，如图1-10和图1-11所示。

图1-10

图1-11

第2节 商业平面设计的构图方式和工作流程

一个好的设计作品除了要有好的配色和图片效果以外，构图方式也是至关重要的。在进行设计之前，设计师需要掌握平面设计的基本流程，这样才能在设计时有一个明确的目标，才能确保做出符合要求的设计作品。

知识点 1 平面设计的基本构图方式

平面设计的基本构图方式有9种，分别是左右式构图、对称式构图、三角式构图、倾斜式构图、曲线式构图、居中式构图、散点式构图、压角式构图和铺满式构图。

1. 左右式构图

左右式构图指的是左边图形右边文字或者左边文字右边图形的构图方式。采用这种构图时，文字多以居左或者居右对齐的方式放置在版面中。这是平面设计中较常见的构图方式，如图1-12所示。

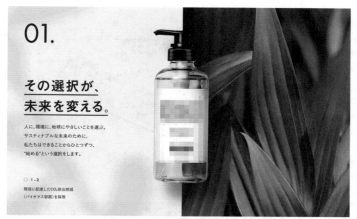

图1-12

2. 对称式构图

对称式构图主要分为上下对称和左右对称，是一种把画面一分为二的构图方式。对称式构图中画面两个部分的视觉分量是相当的，因此可以给人以平衡、稳定、相互呼应的感觉，如图1-13所示。

图1-13

Adobe Photoshop 2020 实战案例教材

3．三角式构图

　　三角式构图指的是画面中主体物的结构为三角形或接近三角形的构图方式。因为三角形本身具有稳定性，所以三角式构图形成的画面也比较稳定、大气，如图1-14和图1-15所示。

图1-14

图1-15

4．倾斜式构图

　　倾斜式构图是将主体物以倾斜的方式放置在版面中的构图方式。主体物倾斜的角度具有方向性，可以起到视觉引导的作用，还可以优化视觉层级，从而清晰地传递信息，如图1-16所示。

5．曲线式构图

　　曲线式构图指的是版面中的主体物呈曲线排布，其他元素填充剩余空间的构图方式。其中"S"形的布局形式比较常见，多以从前景向中景和后景延伸来展现，使画面更加具有纵深感。曲线式构图的版面通常会显得充实、热闹、生动，具有空间感，如图1-17和图1-18所示。

6．居中式构图

　　居中式构图是将画面的主体物放置在版面的中轴线上的构图方式，目的是快速吸引观者注意，集中视觉焦点，突出主体物。居中式构图的作品给人以简洁、利落、雅致的视觉感受，同时也是9种构图方式中最稳重的一种，如图1-19所示。

图1-16

图1-17

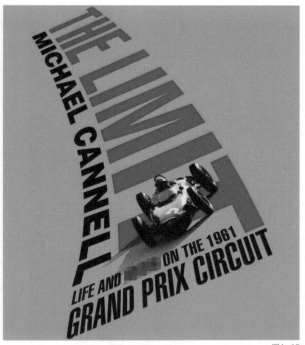

图1-18

7. 散点式构图

　　散点式构图是指主体数量较多，散落在画面当中的构图方式。应用此种构图方式时，如果把握不好，容易使画面显得散乱。因此设计这种构图的作品时需要注意元素之间相互呼应，使其形成联系。这种构图方式适用于标题文字稍多的情况。

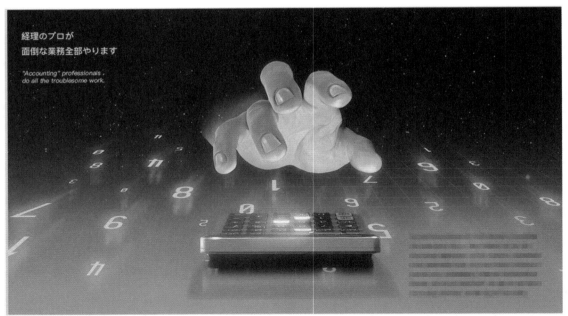

图1-19

　　进行文字排布时，需要拉开字的间距，使文字既起到说明的作用，又起到装饰的作用。标题文字的纵向距离要大于横向距离，否则容易误导阅读顺序，如图1-20和图1-21所示。

图1-20

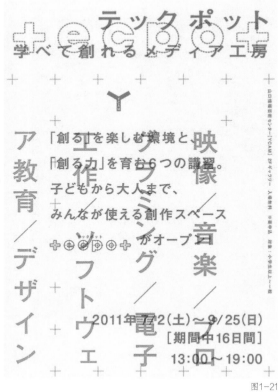

图1-21

8. 压角式构图

　　压角式构图适用于标题字数较少的情况，辅助元素放置在四角，标题重点突出，一眼就能被看到。这样的设计得先进行网格构架，控制好版面之间的比例。这种构图方式使得画面更加稳定，可突出中心主体，也是近年来较流行的构图方式，如图1-22所示。

9. 铺满式构图

铺满式构图常常使用高清图片占据整个版面。这种构图给人以饱满、热闹的感觉，视觉主体更偏向于画面，文字只起装饰和辅助说明的作用，如图1-23所示。

图1-22

图1-23

知识点 2 平面设计的流程

平面设计的流程主要分为以下6个步骤。

第1步：双方进行意向沟通。

① 双方沟通确定基本意向。

② 客户提出基本制作要求，设计方提供报价。

③ 客户对设计方报价认可后，提供相关设计资料。

④ 设计方可应客户要求，免费提供部分设计，供客户确定设计风格。

第2步：确认制作。

① 双方签订协议。

② 客户提供具体资料。

③ 客户支付预付款。

第3步：方案设计。

① 根据客户意见，设计方对设计稿进行调整，客户审核确认后定稿。

② 设计方全部设计完成后，将设计稿提供给客户确认。

第4步：制作完稿。

① 设计方设计完成并经客户确认后，向客户提交黑白稿。

② 客户审核并校对文案内容，确认后签字。

③ 设计方根据客户校对结果对设计稿进行修正，并给出彩色喷墨稿。

④ 客户再次审核，校对色彩，确认后签字。

⑤ 完成制作，出片打样，客户确认签字。

⑥ 印刷制作。

第5步：交货验收。

① 客户根据合同验收，支付余款。

② 客户档案录入。

第6步：客服跟踪。

① 设计方可通过电话或 E-mail 与客户联系，确保方案已顺利实施。

② 合同完成后，客户如需其他服务，可另签订合同进行合作。

第3节　图像与色彩基础

本节介绍图像与色彩的基本知识，如图像的类型、分辨率，以及图像的颜色模式等。

图像分为矢量图和位图，根据不同的设计需求，需要创建不同的图像类型。不同的呈现平台对图像的分辨率有着不同的要求，图像的颜色模式也对图像的呈现效果有一定的影响。下面将详细讲解图像的类型、分辨率和颜色模式。

知识点 1　矢量图与位图的区别

位图也被称为像素图或点阵图。当位图放大到一定程度时，可以看到它是由一个个小方格组成的，这些小方格就是像素。像素是位图图像中最小的组成元素，位图的大小和质量由像素的多少决定，像素越多，图像越清晰，颜色之间的过渡也越平滑，如图1-24所示。

同样的面积中像素较多　　　　　　　　　　　　同样的面积中像素较少

图1-24

位图图像的主要优点是表现力强、层次多、细腻、细节丰富，可以十分逼真地模拟出像照片一样的真实效果。位图图像可以通过扫描仪和数码相机获得，Photoshop也是生成位图的常用软件。

矢量图由点、线、面等元素组成，记录的是对象的几何形状、线条粗细和色彩属性等。矢量图的主要优点是不受分辨率影响，任何尺寸的缩放都不会改变其清晰度和光滑度，如图1-25所示。矢量图需要通过 CorelDRAW 或Illustrator等软件生成。

图1-25

知识点 2　分辨率

分辨率是指位图图像中的细节精细度，单位是像素/英寸（ppi），每英寸的像素越多，分辨率越高。一般来说，图像的分辨率越高，印刷出来的质量就越好，占用的存储空间也就越大，如图1-26所示。设计中常用的分辨率有两种，一种是用于印刷的300像素/英寸，另一种是用于在电子平台显示的72像素/英寸。

图1-26

知识点 3 图像颜色模式

图像的颜色模式是指将某种颜色表现为数字形式的模型，或者说是一种记录图像颜色的方式。在Photoshop中，图像的颜色模式主要有位图、灰度、索引颜色、RGB颜色、CMYK颜色等，如图1-27所示，其中RGB和CMYK是设计中最常用的两种颜色模式。

图1-27

1. RGB颜色模式

RGB颜色模式具有红、绿、蓝3种颜色通道和一个叠加通道。R、G、B分别代表红色（Red）、绿色（Green）、蓝色（Blue）3个通道，在通道面板中可以查看3种颜色通道的状态信息，如图1-28所示。

RGB颜色模式是一种发光模式（也叫加色模式），该颜色模式下的图像只有在发光体（如手机、计算机、电视等的显示屏）上才能显示出来，该模式包括的颜色信息（色域）有1670多万种，几乎包含了人类视觉所能感知到的所有颜色，是进行图像处理时常用的一种颜色模式。

图1-28

2. CMYK颜色模式

CMYK颜色模式是指当阳光照射到一个物体上时，这个物体将吸收一部分光线，并将剩下的光线进行反射，反射的光线就是我们所看见的物体颜色。CMYK颜色模式也叫减色模式，该模式下的图像只有在印刷体（如纸张）上才可以观察到。C、M、Y、K分别代表印刷用的

4种颜色：C代表青色（Cyan），M代表洋红色（Magenta），Y代表黄色（Yellow），K代表黑色（Black）。在实际应用中，青色、洋红色和黄色很难叠加形成真正的黑色，因此才引入了K（黑色）。在通道面板中可以查看4种颜色通道的状态信息，如图1-29所示。

图1-29

因为CMYK颜色模式包含的颜色总数比RGB颜色模式少很多，所以在显示器上观察到的图像要比印刷出来的图像亮丽一些。因此在进行批量印刷前要反复校色，以求印刷出的颜色与显示器所显示的颜色基本一致。

第 **2** 课

Photoshop 2020的核心操作

Photoshop拥有强大的图片处理和绘图功能，可以有效地进行图片编辑工作。作为设计师，无论身处哪个领域，如平面、网页、动画和影视等，都需要熟练掌握Photoshop。本课主要对Photoshop 2020的核心功能进行讲解，没有软件基础的读者可以通过学习《Adobe Photoshop 2020基础培训教材》来进行软件入门学习和技能提升。

第1节 Photoshop 2020的工作界面

启动Photoshop 2020（以下简称为Photoshop），其工作界面如图2-1所示，主要由菜单栏、属性栏、工具箱、标题栏、文档窗口、面板区和状态栏组成。

图2-1

知识点 1 菜单栏

Photoshop的菜单栏包含11组菜单，如图2-2所示。单击相应的菜单即可打开该菜单下的命令，如图2-3所示。

图2-2

知识点 2 标题栏

标题栏的作用是显示文件名称、格式、颜色模式和窗口缩放比例等信息。

知识点 3 文档窗口

在文档窗口中可以查看打开的一个或多个文件。打开一个文件时，只有一个文档窗口，如图2-4所示。打开多个文件时，文档窗口会以选项卡的方式显示，如图2-5所示。

图2-3

图2-4

图2-5

　　按住鼠标左键可以将文档窗口拖曳出来，使其变为浮动窗口，如图2-6所示。同理，用鼠标左键按住浮动窗口的标题栏并拖曳，也可以将其拖回选项卡中固定。

图2-6

知识点 4　工具箱

　　工具箱中集合了Photoshop的大部分工具，单击任意一个工具即可选择该工具。如果工具的右下角带有三角形图标，表示这是一个工具组，在工具上单击鼠标右键即可查看该工具组下隐藏的工具，如图2-7所示。

　　常用的工具组有移动工具组、矩形选框工具组、套索工具组、魔棒工具组、修复画笔工具组、钢笔工具组、横排文字工具组和矩形工具组。

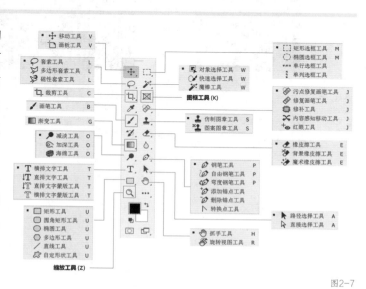

图2-7

知识点 5　属性栏

　　属性栏是用来设置工具参数的，当使用不同的工具时，会在属性栏里面显示不同的界面，方便操作者使用。例如当使用移动工具时，属性栏就会显示移动工具相应的属性内容，如图2-8所示。

图2-8

知识点 6 状态栏

状态栏的功能是显示当前文件的大小、尺寸、窗口缩放比例和当前工具等，一般位于工作界面的最下方，单击状态栏中工具的扩展按钮，可以进行各种设置，如图2-9所示。在多数情况下，维持状态栏的默认状态即可。

图2-9

知识点 7 面板区

Photoshop 右侧的面板区中有多个面板，面板的主要功能是辅助编辑图像、设置参数、控制操作等。执行"窗口"菜单下的命令可以打开不同面板，满足各种设计需求，例如执行"窗口→色板"命令，可以显示色板面板，如图2-10所示。

第2节 文件的基本操作

Photoshop通过对文件进行不同的处理来实现设计目的，其中新建/打开文件、置入文件、保存文件与文件存储格式是文件的基本操作。

知识点 1 新建 / 打开文件

创作作品的第一步就是要新建一个文件。执行"文件→新建"命令或按快捷键Ctrl+N，打开新建文档对话框，如图2-11所示，设置好文件的名称、尺寸、分辨率等参数后，单击"创建"按钮，即可创建一个新的文档。执行"文件→打开"命令或按快捷键Ctrl+O，在弹出的打开对话框中选择需要打开的文件，单击"打开"按钮或双击文件即可在工作界面中打开该文件，如图2-12所示。

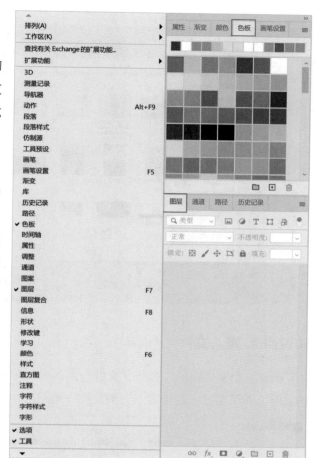

图2-10

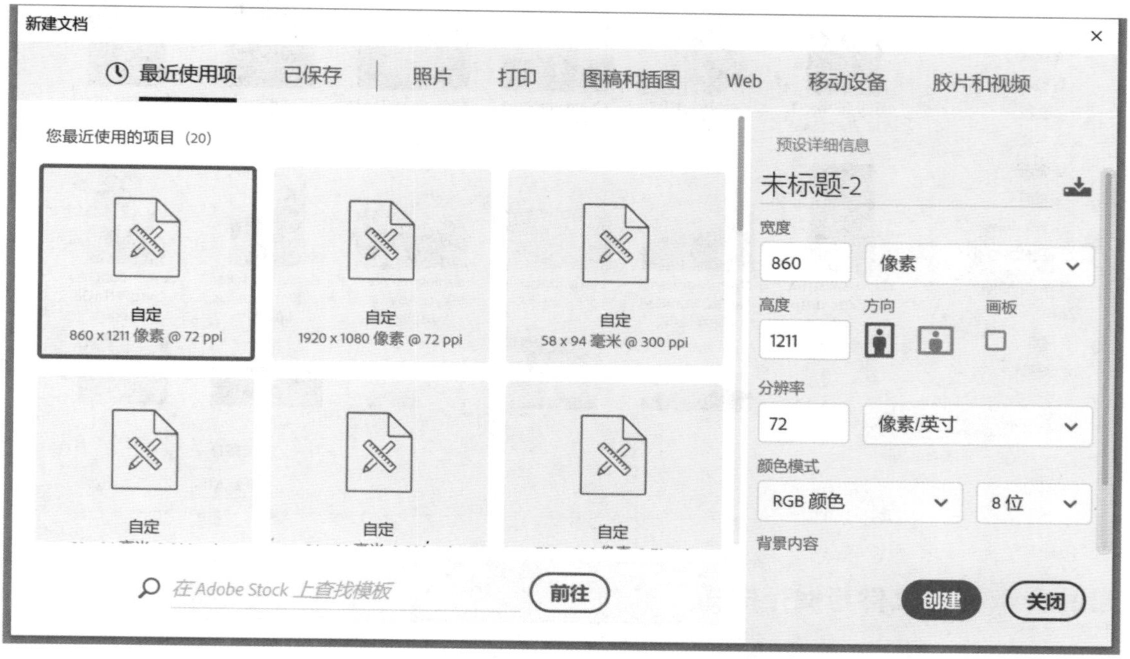

图2-11

图2-12

知识点 2 置入文件

新建一个文件以后，执行"文件→置入嵌入对象"命令，在弹出的对话框中选择需要置入的文件，即可将目标对象置入当前文件，如图2-13所示。

图2-13

知识点 3 保存文件与保存格式

处理完文件后需要对文件进行保存。保存文件的操作是执行"文件→存储"命令或按快捷键Ctrl+S。在系统弹出的另存为对话框中可以设置文件保存的名称、位置和格式等，如图2-14所示。

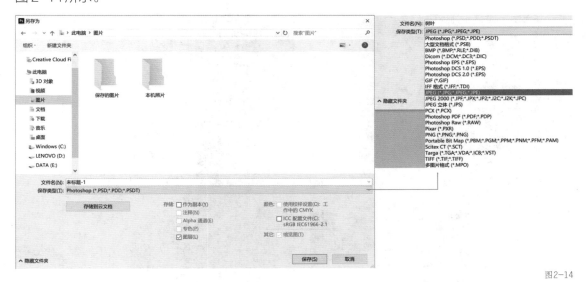

图2-14

如果想在当前文件基础上保存新的文件副本，也可执行"文件→存储为"命令或按快捷键Ctrl+Shift+S另存一个文件。修改副本文件不会影响源文件。

提示 关闭文件可以直接单击标题栏右侧的×按钮，或按快捷键Ctrl+W。

保存文件时，需要养成良好的文件命名习惯，根据文件的内容或主题来命名，这样可以更好地对文件进行整理。

如果需要保存带图层的文件，可以将文件的保存类型选择为PSD；如果需要保存图片的透明背景，可以将文件的保存类型选择为PNG；如果只需要将文件存储为普通的位图，将文件的保存类型选择为JPG格式即可。在文件操作过程中，还要养成随手保存的好习惯，经常按快捷键Ctrl+S保存文件，这样可以避免遇到突发情况丢失文件。

第3节 图像的操作

Photoshop是一个强大的图像合成软件，可以对图像进行抠取、调色、修复、合成等操作。

知识点 1 抠图

在合成图像之前，首先要将素材抠好。如何更快、更好地抠图是每一个设计师的必修课。常用的抠图工具有套索工具组、魔棒工具组、钢笔工具组。

1. 套索工具组

▌ 套索工具。使用套索工具 ♡ 绘制不规则选区，可快速抠取局部图像。选择套索工具后，只需要在图像上按住鼠标左键并拖曳，如图2-15所示，线条首尾相连时释放鼠标即可创建选区，如图2-16所示。

图2-15

图2-16

▌ 多边形套索工具。多边形套索工具 ➤ 经常在抠取直线型物体时使用，例如立方体、直角建筑物等。在图像上单击，创建选区的起始点，然后沿物体轮廓单击，定义选区中的其他端点，最后将鼠标指针移动到起始点处，当鼠标指针呈 ➤。时单击，如图2-17所示，即可创建图像的选区，如图2-18所示。

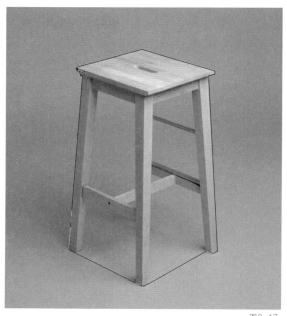

图2-17

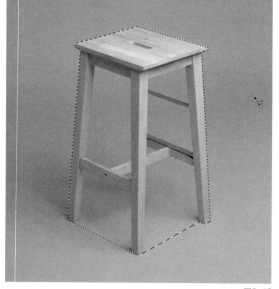

图2-18

█ 磁性套索工具。使用磁性套索工具 ⤳ 可以自动识别图像边界，如图2-19所示。沿着要选择物体的外轮廓单击，线条首尾相连即可生成选区，如图2-20所示。磁性套索工具适用于快速选择与背景对比强烈且边缘复杂的对象。

图2-19

图2-20

2. 魔棒工具组

█ 对象选择工具。使用对象选择工具 ⊞ 在图像中绘制选框，如图2-21所示，系统将自动分析图像，以指定对象创建选区，如图2-22所示。

图2-21

图2-22

█ 快速选择工具。使用快速选择工具 ⟋ 可以利用可调整的圆形笔尖迅速绘制出选区，如图2-23所示。在拖曳鼠标指针时，选区会自动向外扩展，并自动沿着图像的边缘描绘边界（背景和图像对比明显时适用）生成选区，如图2-24所示。

█ 魔棒工具。使用魔棒工具 ⟋ 单击，可以在图像中颜色相同或相近的区域生成选区，适用于选择颜

图2-23

图2-24

色和色调变化不大的图像，如图2-25所示。

> **提示** 遇到使用以上工具无法精细地抠取人物或动物毛发的情况时，可以使用
> "选择并遮住"功能来实现对毛发的自然抠取和使选区边缘更加平滑。首先使
> 用上述工具抠取人像，如图2-26所示。保持选区处于被选中的状态，在属性
> 栏中单击"选择并遮住"按钮，即可进入选区调整界面，如图2-27所示。

图2-25

图2-26

图2-27

3. 钢笔工具组

尽管用套索工具组和魔棒工具组就可以实现快速抠图，但要想抠出更精准的图像细节，钢
笔工具组 ✐ 是最常用的工具。

使用钢笔工具组抠图时，要多配合转换点工具 ⌐ 和直接选择工具 ⌐ 进行细节调整。在选择
钢笔工具组的状态下按住Alt键可以快速切换为转换点工具，按住Ctrl键可以快速切换为直接
选择工具。使用钢笔工具组绘制出图2-28所示的物体轮廓路径后，按快捷键Ctrl+Enter可
将路径转换为选区，如图2-29所示。

图2-28

图2-29

提示 得到图像轮廓选区后，按快捷键Ctrl+J或使用移动工具 ⊕ 可将选区内容复制或移动到其他窗口中。

知识点 2 修图

用Photoshop修图可以美化图像，提升设计质量。这里主要讲解修图的3个要点：修形、修脏、修光影结构。

1. 修形

修形指修形体，无论是人物还是商品，我们都要对其形体进行美化和细节上的雕琢。常用的修形工具是液化工具。使用液化工具，可以对图2-30中人物的脸部和身体进行调整，得到图2-31所示的效果。使用液化工具的调整界面如图2-32所示。

图2-30

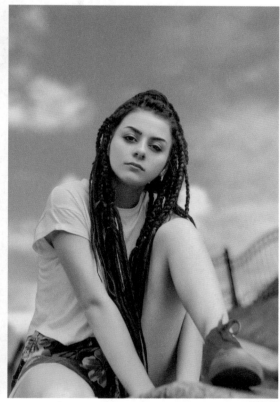

图2-31

2. 修脏

修脏指的是处理人物皮肤、产品表面和拍摄环境中的瑕疵、脏点，以及穿帮或影响美观的对象。常用的修补工具有污点修复画笔工具、修复画笔工具、修补工具、内容感知移动工具，以及"内容识别填充"命令和仿制图章工具。

▌ 污点修复画笔工具。使用污点修复画笔工具 ⊘ 可以消除图像中的污点和某个对象，它可以自动从修饰区域的周围取样。其使用方法跟画笔工具类似，在想要去除的污点上涂抹即可。使用污点修复画笔工具可以将图2-33中女生面部的斑点自然地去除掉，如图2-34所示。

图2-32

图2-33

图2-34

▌ 修复画笔工具。使用修复画笔工具 ✐ 可以矫正图像的瑕疵，按住Alt键可以将样本像素的纹理、光照、透明度和阴影与所修复的像素进行匹配。修复画笔工具多用于修复皱纹或发丝等。使用修复画笔工具修复图2-35所示人物脸部的皱纹后，人物脸部光滑了很多，如图2-36所示。

▌ 修补工具。使用修补工具 ⊕ 可以像使用套索工具一样圈选样本和图案来修复所选图像区域不理想的部分，进行较大面积的修复。使用修补工具可以将图2-37所示桌面上的茶叶等物体快速去除，如图2-38所示。

▌ 内容感知移动工具。使用内容感知移动工具 ✖ 可将图像移动或复制到另外一个位置。使用内容感知移动工具圈出图2-39中想要移动的小马，按住鼠标左键并将其向下拖曳，可以做出非常自然的融合效果，如图2-40所示。

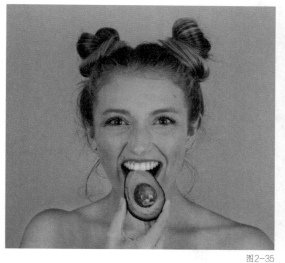

图2-35

图2-36

图2-37

图2-38

图2-39

图2-40

▍"内容识别填充"命令：使用"内容识别填充"命令可以实现用图像选区附近的相似内容不留痕迹地填充选区的效果，其快捷键为Shift+F5。使用套索工具框选图2-41中的人物，然后使用"内容识别填充"命令，可快速、自然地将人物去除，如图2-42所示。

▍仿制图章工具。使用仿制图章工具 可以将图像中的部分区域复制到同一图像的其他位置或另一图像中，其用法同样也是先按住Alt键进行取样，再进行修复。复制后的图像与原图像的亮度、色相和饱和度一致。使用仿制图章工具可以将图2-43所示的鸡蛋快速复制出来，如图2-44所示。

图2-41

图2-42

图2-43

图2-44

3. 修光影结构

混乱的光影结构会使图像没有重点，并且缺乏美感，用Photoshop可以对图像的光影进行非常细致的雕琢。

　　一般使用加深/减淡工具进行光影的细节调整，按住Alt键可随时切换两种工具。图2-45所示的人物光影暗淡，因对比度不够而显得不够立体。使用加深工具提亮高光区，使用减淡工具压暗阴影，增强画面细节的明暗对比，可以使人物瞬间变得立体，如图2-46所示。

图2-45　　　　　　　　　　　　　　　　　　　　　　　　　　图2-46

知识点 3　调色

　　在拍摄照片时，由于各种原因，色彩总是无法像实景那样美丽，需要通过后期调色来弥补。Photoshop不仅可以还原真实的色彩，还可以让图片的色彩更有表现力。常用的调色命令有调整明暗效果的"曲线"和"色阶"命令，以及调整色调的"色相/饱和度"和"色彩平衡"命令。

　　▌"色阶"命令。使用"色阶"命令可通过输入色阶的值或拖曳滑块来调节画面的明暗对比。按快捷键Ctrl+L可调出色阶面板，如图2-47所示。使用"色阶"命令调整图2-48，将左右两个滑块向中间拖曳，使暗部更暗，亮部更亮，画面更有层次，如图2-49所示。

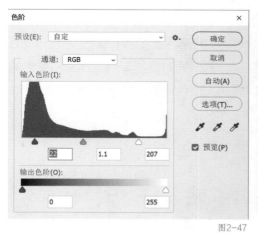

图2-47　　　　　　　　　　　　图2-48　　　　　　　　　　　　图2-49

　　▌"曲线"命令。使用"曲线"命令可通过对曲线的调节来增强画面的明暗、对比、色调等，可以对画面的颜色进行精细化调整。按快捷键Ctrl+M可调出曲线面板，如图2-50所示。在图2-51所示的图层上方增加曲线调整图层，在曲线代表亮部的区域（右上）增加曲线点并将其向上拖曳，提亮画面亮部，在曲线代表暗部的区域（左下）增加曲线点并将其向下拖曳，压暗画面暗部，可让画面显得更透亮，调整后效果如图2-52所示。

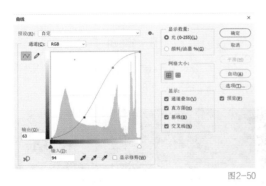

图2-50 　　　　　　　　　　　图2-51 　　　　　　　　　　　图2-52

▌"色相/饱和度"命令。使用"色相/饱和度"命令可通过色相、饱和度、明度的调节改变图像色调，也可对某一颜色进行针对性色调调整。按快捷键Ctrl+U可调出色相/饱和度面板，如图2-53所示。在图2-54上添加色相/饱和度调整图层，用吸管工具选择帽子的红色区域，调整色相，再配合蒙版，可以将帽子从红色调整为紫色，如图2-55所示。

图2-53 　　　　　　　　　　　图2-54 　　　　　　　　　　　图2-55

▌"色彩平衡"命令。使用"色彩平衡"命令可通过添加不同的颜色来改变图像冷暖，也可针对不同明暗区域进行冷暖调节。按快捷键Ctrl+B可调出色彩平衡面板，如图2-56所示。在图2-57上添加色彩平衡调整图层，色调平衡选择"高光"，同时增加青色、洋红和黄色的参数值，其中增加更多黄色的参数值，可将画面整体提亮并使色调更偏向暖色调，使食物看起来更美味，如图2-58所示。

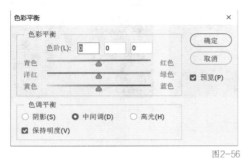

图2-56 　　　　　　　　　　　图2-57 　　　　　　　　　　　图2-58

提示　对图像进行调色时，可以使用调整图层。调整图层不会改变原图像的像素，方便进行多次修改。

知识点 4 合成

使用Photoshop进行图像的合成将综合运用抠图、修图、调色等技能。图2-59所示的电商banner就是通过对多个素材进行合成，最后打造出一幅完整的画面。

图2-59

在合成中除了基本的抠图、修图、调色以外，为了使画面场景更加真实和具有设计感，还会用到文字工具、颜色填充、图层混合模式、图层样式、图层蒙版、剪贴蒙版来丰富画面。

1. 文字工具

文字是设计排版中的重要元素之一，在图像中输入文字需要使用文字工具。

文字工具有多种输入形式，其中常用的是横排文字工具 **T** 和直排文字工具 **IT** 。选择文字后，单击 **IT** 按钮可快速切换文字的方向。选择一种文字工具后，单击文档窗口可以生成点文本，按住鼠标左键可拖曳出文本框以生成段落文本。文字的属性设置如图2-60所示。

图2-60

2. 颜色填充

设计中常使用颜色填充丰富画面，常用的颜色填充有纯色填充和渐变填充。纯色填充是用前景色或背景色填充单一的颜色，如图2-61所示。填充前景色的快捷键是Alt+Delete，填充背景色的快捷键是Ctrl+Delete。使用渐变工具，结合渐变编辑器可以进行渐变填充，如图2-62所示。

3. 图层混合模式

采用图层混合模式可通过调整当前图层的像素属性，使其与下方图层的像素产生叠加效果。常用的混合模式有"正片叠底""滤色""叠加""柔光"等。

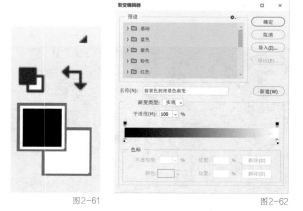

图2-61　　　　　　　　　　　　　　　　　图2-62

▌ 正片叠底。对上方图层设置"正片叠底"混合模式，上下两个图层混合后整体图像颜色变暗，同时色彩变得更加饱满。这个功能经常用于去除一些图层的白色部分。选择图2-63中的咖啡文字图层，将图层混合模式设置为"正片叠底"后，文字图层的白色背景被去除，自然地融合到杯子上，如图2-64所示。

图2-63　　　　　　　　　　　　　　　　　图2-64

▌ 滤色。对上方图层设置"滤色"混合模式，上下两个图层混合后整体变得更亮，产生一种漂白的效果。这个功能经常用于去除一些图层的深色部分。选择图2-65中的高光素材图层，将图层混合模式设置为"滤色"后，黑色背景被很自然地去除，如图2-66所示。

图2-65

图2-66

■ 叠加。对上方图层设置"叠加"混合模式，可使图像亮的部位更亮，暗的部位更暗，同时还可以提升图像的饱和度。使用画笔工具在图2-67上方的新图层中添加亮色并将其图层混合模式设置为"叠加"，图片饱和度提升，画面变亮，如图2-68所示。

图2-67

图2-68

■ 柔光。"柔光"混合模式的作用类似"叠加"混合模式，但"柔光"混合模式可使图层之间产生一种更加柔和的光线效果。使用画笔工具在图2-69上添加暖色图层，将图层混合模式设置为"柔光"后，图像变暖且背景亮度也有柔和的提升，如图2-70所示。

4. 图层样式

通过图层样式可以实现对图层中的普通图像添加效果的功能，从而制作出具有"阴影""斜面和浮雕""描边""渐变"等效果的图像，如图2-71所示。要为图层添加图层样式，可选择需要添加图层样式的图层，双击图层或单击图层面板下方的 fx. 按钮，选择相应图层样式，弹出图层样式面板，进行样式参数设置。常用的

图2-69

图2-70

图层效果如图2-72所示。

图2-71

图2-72

5. 图层蒙版

图层蒙版是所有蒙版中最重要的一种，也是实际工作中使用频率最高的一种，可以用来隐藏、合成图像等。为图层添加图层蒙版有多种方法，可以选择图层后单击图层面板下方的"添加图层蒙版"按钮添加白色蒙版，如图2-73所示（按住Alt键可以添加黑色蒙版，如图2-74所示），也可在绘制选区后基于选区为图层添加只显示选区内容的图层蒙版，如图2-75所示。还有一些特殊图层自带图层蒙版，例如各种调整图层，如图2-76所示。

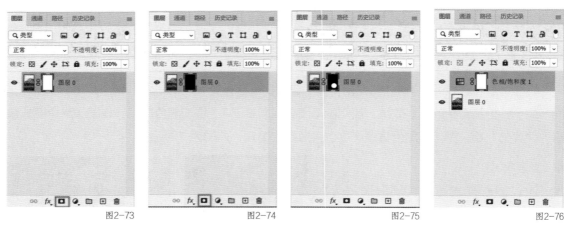

图2-73　　　　　　　　图2-74　　　　　　　　图2-75　　　　　　　　图2-76

使用画笔工具或渐变工具可编辑图层蒙版，实现图像的显示和隐藏，多用于多张图像的合成，其中黑色为隐藏图像，白色为显示图像。对图2-77上方图层添加图层蒙版，结合画笔工具编辑图层蒙版，将多余图像隐藏即可实现上下两个图层的融合，如图2-78所示。

图2-77

图2-78

6. 剪贴蒙版

通过剪贴蒙版，可以用一个图层中的图像来控制处于它上方的图像的显示范围。按快捷键Ctrl+Alt+G可快速建立或释放剪贴蒙版。在图2-79上绘制手机屏幕画面后，可使用剪贴蒙版将图片剪贴到手机屏幕上，如图2-80所示。

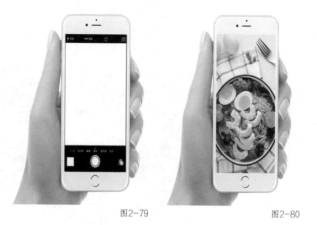

图2-79

图2-80

第 **3** 课

名片设计实战

名片设计是日常工作中常见的设计类型，应用领域非常广泛。
在名片设计中，前期的创意和思考是非常重要的。名片设计即
使视觉上再好看，如果不能吸引观众的注意，不能与主题思想
关联，也是失败的设计。因此，对于名片设计来说，创意与理
性分析相结合是非常重要的。

实战准备 名片设计知识

当今社会，名片已成为企业或个人与外界交流的一种方式。早期的名片是手写或手绘而成的，近现代的名片则更多是印刷而成。

知识点1 名片分类

名片是显示个人姓名、联系方式等信息，且注有其所属公司或组织的卡片。派发名片是认识新朋友时进行自我介绍最快速、有效的方法之一，交换名片是商业交往中不可缺少的行为。下面将从用途、材质和印刷方式、外形等维度对名片进行分类。

1. 按名片用途分类

▌ 商业名片：企业或公司人员在进行业务活动时使用的名片，这类名片大多以营利为目的。图3-1所示为商业名片。

▌ 公用名片：以政府或团队的名义，不以营利为目的，进行交往时所使用的名片。

▌ 个人名片：为方便个人与朋友间交流感情，结识新朋友所使用的名片。图3-2所示为个人工作室名片。

图3-1　　　　　　　　　　　　　　　　　　　　　　　　图3-2

2. 按名片材质和印刷方式分类

名片印刷常用的材质有铜版纸、珠光纸、牛皮纸、白卡纸、胶版纸等。结合名片材质的不同，根据印刷方式名片可分为数码名片、胶印名片、特种名片3类。其中，名片常用的印刷工艺有单色、双色、彩色、烫金、烫银、UV、模切等。

3. 按名片外形分类

名片按外形可以分为横式名片、竖式名片、折卡名片、异形名片，如图3-3至图3-5所示。

图3-3   图3-4   图3-5

知识点2 名片排版及尺寸

名片的表面只有很小的表现空间，既需要添加相关信息，也需要排版清晰、美观，空间的局限性会给设计增加一些难度。下面将从排版内容和排版尺寸两方面讲解名片设计的要点和规范。

1. 排版设计分析

名片的设计需要设计师把握好字体、字号、字间距、行间距、层级、位置等关系，这些涉及内容的版面率、文字的选择、对齐方式、内容层级等。

首先，说一下版面率（版面率是指文字内容在版面中所占的比例）。低版面率显得冷静、高端，如图3-6所示；高版面率显得热情、主动，但有时会显得廉价，如图3-7所示。

图3-6   图3-7

其次，在字体选择上需要注意以下要点。

▌ 字体数量：字体过多页面容易显得凌乱，因此字体最好控制在两种以内。

▌ 文字颜色：文字的颜色不宜过多，最好控制在两种以内。

▌ 字号大小：名片上的文字不宜过小，最小的字号不能小于5磅（或称点）。

在名片这样窄小的版面中，只有将文字严格地对齐，才能引导用户流畅地阅读。

最后，在信息的处理上，需要把同类信息归为一个区块，以减少干扰，便于查找。可以根据间距大小、色块差异、文字大小、字体变化等对信息进行划分，如图3-8所示。

内容的主次关系如下。

① 姓名。

② 联系电话。

③ 公司。

④ 职务。

⑤ 地址等其他信息。

2. 名片尺寸

名片外形小巧，多为矩形，一般以方角和圆角居多，如图3-9和图3-10所示。名片的常用尺寸有以下几种。

▍ 基本尺寸：90毫米×54毫米。

▍ 出血：上、下、左、右各2～3毫米。

▍ 横版：90毫米×54毫米（方角）、85毫米×54毫米（圆角）。

▍ 竖版：50毫米×90毫米（方角）、54毫米×85毫米（圆角）。

图3-8

▍ 方版：90毫米×90毫米、90毫米×95毫米。

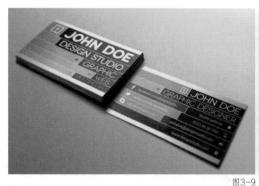

图3-9

图3-10

实战项目 D&Y设计工作室个人名片设计

在进行名片设计之前，先要分析设计对象的背景。此名片为设计工作室的个人名片，除了要突出个人姓名、联系方式外，还需要体现出企业的形象。名片底纹采用从logo中提炼的图形，以更好地提升企业认知度。名片的颜色多根据企业logo的标准色和辅助色设定，这也是为了增强企业认知度，最终效果如图3-11所示。

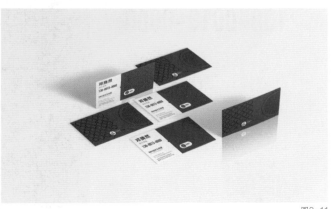

图3-11

任务 1　新建文档

新建文档，将名片的尺寸设置为"90毫米×54毫米"，出血线为2毫米，则实际尺寸为"94毫米×58毫米"，颜色模式设置为"CMYK颜色"，分辨率设置为"300像素/英寸"（1英寸=25.4毫米），如图3-12所示。

合适的留白能使名片排版更加规整，因此初定名片内容距离名片边缘5毫米，并以此分别建立参考线，如图3-13所示。

图3-12

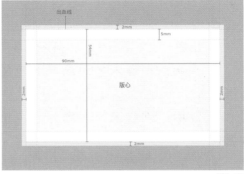

图3-13

任务 2　制作名片正面

① 输入文字，以logo颜色作为名片主配色，根据名片内容划分文字级差关系。信息的层级除了可以通过文字字号大小进行划分外，还可以使用不同深浅的颜色进一步划分。

处理好文字信息后，利用矩形工具组的布尔运算绘制右侧背景，其中三角箭头的添加能起到视觉引导的作用，如图3-14所示。

图3-14

② 利用椭圆工具绘制圆环，并添加logo。使用自定形状工具中的基础波浪形状，结合对象选择工具绘制出下方波浪线，进一步装饰右侧背景，如图3-15所示。

图3-15

提示 按快捷键Ctrl+Shift+Alt+T可以快速进行重复的变换操作，提升工作效率。

任务3 制作名片背面

复制正面文件，在其基础上制作背面背景。使用椭圆工具绘制圆环并制作阵列图，绘制圆形填充斜线图案，设置"正片叠底"混合模式，使图案融入背景，如图3-16所示。

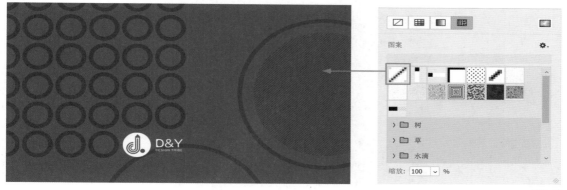

图3-16

任务4 制作样机效果图

使用提供的样机源文件，分别在文件对应的图层中添加正面和背面图像，制作名片样机效果图。选择相应的图层双击，进入智能对象，替换内容即可，如图3-17所示。制作样机效果可以使观者更有代入感。

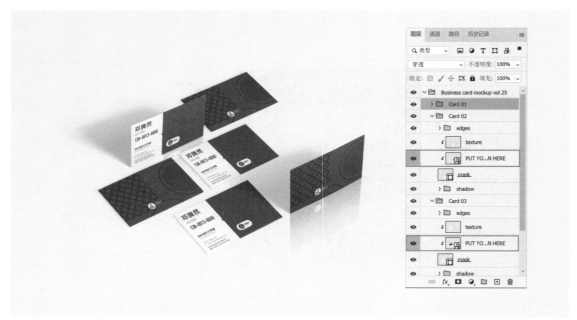

图3-17

本课作业 制作D&Y设计公司个人名片（竖版）

作业要求

　　根据案例中的内容信息和所提供的公司logo进行竖版个人名片设计，巩固名片排版设计技能，完成效果可参考图3-18。

图3-18

作业要点提示

　　步骤1　新建尺寸为"58毫米×94毫米"的文档（该尺寸包含2毫米出血线），制作名片正面文档并添加参考线。

　　步骤2　从企业logo中提炼装饰图形，作为名片背景装饰。

　　步骤3　根据文字信息的主次，进行内容的级差排版，同时结合版面对文字信息进行竖向排版。

　　步骤4　复制名片正面文档，在其基础上进行背面内容搭建，同样从logo中提炼图案，结合"自由变换"和"重复复制"命令进行底纹制作。

第 **4** 课

文字海报设计实战

在设计师的日常工作中，信息的传递方式大多是图文结合的形式。文字作为信息最直观的表现形式，其对于设计作品而言是至关重要的。一味强调图片的吸引力，忽略文字的重要性，最终很容易导致图文无法结合、虎头蛇尾。

实战准备 标题文字设计技巧

视觉设计中，文字排版尤为重要，除了说明作用外，文字还起到丰富画面、增强层次感的作用。其中标题与非标题文字之间的反差和对比会使画面更能吸引用户的注意。

知识点 1 标题的重要性

说到文案的吸引力，其最佳的表现位置就是标题。标题文字字体的选择首先要符合产品的特性，选择不合适的字体会影响画面整体的效果。图4-1中的标题文字选用了比较粗壮的字体，跟画面中图像的柔美气质不相符。将文字替换成图4-2所示的粗细对比明显且具有柔美弧度的字体后，画面瞬间和谐了很多，也更具设计感。

图4-1

图4-2

另外，在设计中有意识地突出标题文字也能更好地增强对比度，突出画面重点，使观者第一时间被作品吸引，这一点尤其体现在以文字为主的海报或横幅（banner）上，如图4-3所示。

知识点 2 常用标题文字表现形式

前面介绍了标题的重要性，下面将讲解在设计中如何能让标题在画面中更突出、更能体现画面需要传达的效果。这里主要介绍4种表现形

图4-3

式，分别是描边文字、切割文字、质感文字和立体文字。

1. 描边文字

描边文字的处理手法实际上是虚实结合的设计手法，体现了线面和阴阳的思想。虚实的处理可以突出一组或一段文字中的重点信息，在一些强调主次的设计中可以尝试用这种方式来做区分；线面结合的处理手法能给原来都是"面"的字体增加一些透气感和空间感，如图4-4和图4-5所示。

图4-4   图4-5

2. 切割文字

切割文字可以理解为将文字的笔画从字体本身分离，然后再以文字的笔画为切入点进行处理。常用的笔画处理方式有变色、模糊和阴影等。

① 变色就是将文字的部分笔画进行变色处理，提升标题文字字体上的变化强度，从而提升标题对于用户的吸引力，如图4-6所示。

图4-6

② 模糊就是将分离的字体笔画进行模糊处理，目的是通过笔画之间的虚实对比，营造出视觉上的前后关系，从而提升标题文字在整体文案中的吸引力，如图4-7所示。

③ 阴影就是将文字笔画分开来看，通过添加阴影的方式，营造视觉上笔画的前后关系，从而增强其整体的视觉变化，使得笔画与笔画之间在视觉上形成明显的前后遮挡关系，将原本平面的文字变得更立体，也更易于吸引用户的注意。这种处理手法在平时工作中也很实用，只需要厘清笔画的前后关系，使用画笔涂抹的方式慢慢调整即可，如图4-8所示。

图4-7

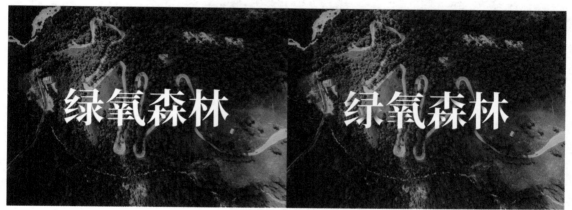

图4-8

3. 质感文字

质感文字就是将标题文字看成物品，对其添加投影、倒影、发光、环境色等，模拟一些特殊效果。这样可以增强标题文字的视觉变化，起到吸引用户的作用，如图4-9所示。

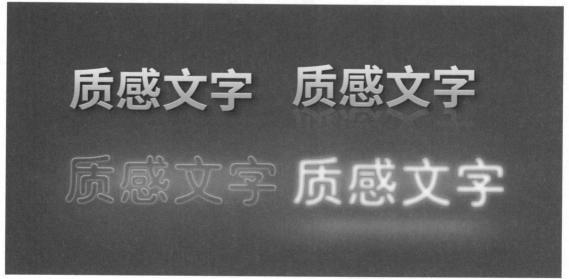

图4-9

4. 立体文字

立体文字指的是文字按一定的角度和位移量，由二维向三维的视觉效果进行变化，使文字更具重量感、层次感。立体层叠的设计对于字体本身具有一定的要求，用较为纤细的字体制作立体文字的效果并不理想，如图4-10所示。

图4-10

> **提示** 文字的表现形式不仅可以单独使用，也可以几种手法结合使用，打造更丰富的文字效果。

实战项目1 火星时代课程涨价倒计时海报设计

此海报为营销类海报，主要目的是告知客户两个要点——一是即将涨价，二是涨价前还有享受优惠的机会。作为以文字为主的海报，要突出主题。这里先运用具有立体效果的"6"字来吸引客户，然后通过"即将涨价"这样一个具有设计感的标题直击重点，再层层递进说明涨价前还有享受优惠的机会，让客户的心境有起伏变化，营造销售气氛。同时，海报也肩负着传达企业形象的任务，因此，这里在背景上也添加了与企业相关的元素，以起到提高企业影响力的作用。海报的最终效果如图4-11所示。

图4-11

任务1 新建文档，填充背景

此海报主要用于手机端的宣传，因此文档尺寸设置为常用的"1080像素×1920像素"，颜色模式设置为"RGB颜色"，分辨率设置为"72像素/英寸"（1英寸=2.54厘米），如图4-12所示。

橘色和红色是服务类营销海报常用的色调，能体现企业的热情，因此这里使用红色到橘色的渐变作为背景颜色。添加网格背景图案增加背景的细节，使用椭圆工具结合钢笔工具绘制背景上方的装饰图形，如图4-13所示。

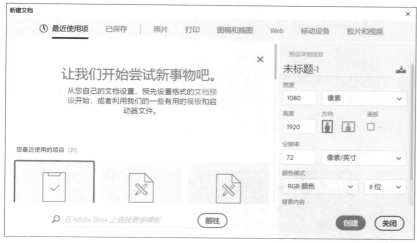

图4-12   图4-13

任务 2 制作倒数数字"6"

使用椭圆工具绘制数字底托，如图4-14所示。选择笔画较粗的字体并输入数字"6"，然后复制一层，将文字转换为形状，使用"重复复制"命令制作数字"6"的厚度。新建图层并将其作为厚度图层的剪贴图层，利用画笔工具打造立体文字的阴影关系。使用圆角矩形工具结合图层蒙版绘制装饰线条，并添加文字"倒计时"和"天"，如图4-15所示。

图4-14   图4-15

> **提示** 制作文字厚度时，先使用"自由变换"命令将文字向右移动1像素，再按快捷键Shift+Ctrl+Alt+T进行重复的右移操作，这样制作出的厚度效果更自然。

任务 3 制作特殊笔画的"即将涨价"标题文字

选择笔画较粗的字体，输入文字"即将涨价"，并分别添加上方和下方的辅助文字，注意文字的级差关系，将文字倾斜，增强画面动感，如图4-16所示。使用钢笔工具和形状工具，结合布尔运算对"即将涨价"中的"涨"字进行笔画修饰，使其右上角的笔画呈现为上涨的箭头，更契合文字的内容。用画笔工具为文字局部添加阴影，打造层次感，如图4-17所示。

图4-16

图4-17

任务 4 添加其他装饰

为海报添加火箭和外星人图形，引入宇宙元素，贴合"火星时代"的背景。使用多边形工具绘制星形并添加"外发光"的图层样式，制作星光闪烁的效果，如图4-18所示。使用椭圆工具结合布尔运算绘制下方的云朵，同时使用圆角矩形工具和横排文字工具制作"立即购买"按钮。使用椭圆工具绘制圆形气泡，并添加文案。在海报的上部添加企业的logo和宣传语，增强用户对企业的认知，如图4-19所示。

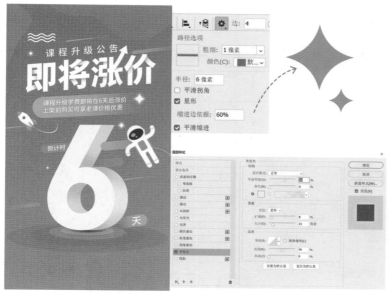

图4-18

图4-19

实战项目2 圣诞节主题海报设计

　　此海报为圣诞节主题海报，在进行背景设计和颜色搭配时，主要使用绿色和红色，符合圣诞的特点，装饰上使用雪花、松枝等具有代表性的圣诞节元素来烘托氛围。在文字选择上，使用曲线形的、具有动感的字体，同时给文字添加霓虹灯效果，更好地营造圣诞节的热闹氛围，海报的最终效果如图4-20所示。

图4-20

任务 1 新建文档，填充背景

新建尺寸为"1080像素×1920像素"，颜色模式为"RGB颜色"，分辨率为"72像素/英寸"的文档。置入背景图片，添加纯黑色调整层将画面压暗，结合黑色画笔工具和图层不透明度调整纯色层图层蒙版，将中间提亮，如图4-21所示。

图4-21

任务 2 制作霓虹灯的主标题

① 霓虹灯一般需要挂在铁网或者粘贴在背板上，因此在本案例中选择将霓虹灯文字挂在铁网上。置入铁网元素，并为其添加阴影和环境色，效果如图4-22所示。选择等粗且具有弧度效果的字体（这样的字体更符合人们印象中霓虹灯管的效果），输入英文"Merry Christmas and Happy Newyear"并调整文字大小，如图4-23所示。

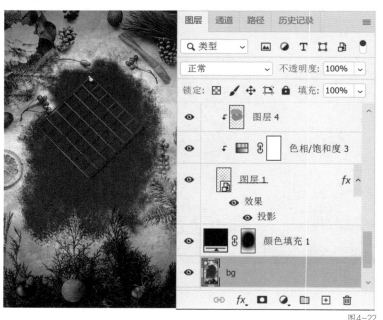

图4-22

图4-23

② 给标题文字添加"内发光""外发光""投影"等图层样式，打造霓虹灯效果。使用画笔工具分别在文字下方添加对应的灯管颜色，并将颜色层设置为"叠加"图层混合模式，打造出霓虹灯发光的环境效果，如图4-24所示。

图4-24

任务3 添加辅助文案

使用自定形状工具添加雪花、五角星等装饰元素，使用横排文字工具输入辅助文案并添加装饰元素丰富版面。完成所有的元素添加后，在所有图层的最上方添加曲线调整图层，调节整体的明暗效果。添加盖印图层，对其执行"滤镜→高反差保留"命令，并将图层设置为"叠加"图层混合模式，增强画面整体的质感，如图4-25所示。

图4-25

提示 添加盖印图层的快捷键是Shift+Ctrl+Alt+E。在进行海报设计时，对盖印图层执行"滤镜→高反差保留"命令并结合图层混合模式，可有效地增强画面质感。

实战项目3 "充话费 送流量" banner设计

此banner为促销类banner，以文案为主；背景多用基本的形状作为装饰，这样既不会喧宾夺主，又能更好地烘托文案。banner的颜色以蓝紫色调为主，显得时尚而醒目。最终效果如图4-26所示。

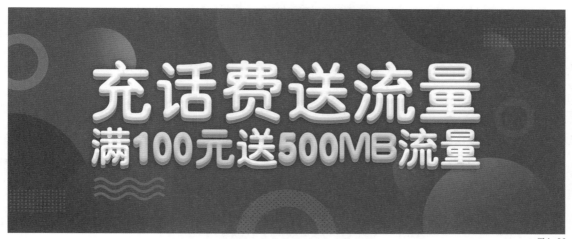

图4-26

任务1 新建文档，填充背景

① 新建尺寸为"1920像素×800像素"（电商类banner的常用尺寸），颜色模式为"RGB颜色"，分辨率为"72像素/英寸"的文档。使用渐变工具为背景填充蓝紫色渐变，如图4-27所示。

图4-27

② 使用形状工具绘制装饰元素，并结合图层蒙版对形状的局部进行显示和隐藏，使图形更好地融入背景。新建图层，添加杂色，给背景添加质感效果，如图4-28所示。

图4-28

任务 2　制作轻质感的主标题文字

使用横排文字工具，选择无衬线字体，输入标题内容，并根据文案进行大小和颜色的区分，如图4-29所示。

图4-29

将标题文字复制一层并转换为形状。为便于后期修改，可将颜色不同的文字单独分离出一层，使用"重复复制"命令制作出文字厚度。给上层文字图层添加"斜面和浮雕"图层样式，打造文字立体感，如图4-30所示。给下方厚度图层添加"内阴影"和"投影"图层样式，进一步提升文字立体感，如图4-31所示。

图4-30

图4-31

本课作业 重新设计"充话费 送流量"banner

作业要求

    使用"充话费送流量"banner背景和文案，进行标题文字的设计，巩固标题设计的表现技巧，完成效果可参考图4-32。

图4-32

作业要点提示

    步骤1 标题选择笔画较粗的字体，并针对需要突出的内容填充不同的颜色。

    步骤2 复制标题图层，将文字转换为形状，将不同颜色文字单独拆分为独立的图层。使用"重复复制"命令为文字制作厚度。

    步骤3 给下方厚度图层添加"阴影"图层样式，使用画笔工具结合剪贴蒙版给厚度图层添加环境色。

    步骤4 使用画笔工具结合选区工具给文字局部添加阴影，增加文字层次。

第 **5** 课

DM单设计实战

DM是Direct Mail（直接邮寄）的简称。DM单是商业活动中的重要媒介之一，俗称"小广告"。它通过邮寄或派发的方式向消费者传达商业信息，因此又被称为"邮件广告""直邮广告"等。

实战准备 DM单设计相关知识

DM单是用单张或少数页面制作的广告，广泛用于产品宣传、促销、企业介绍、展会资料等方面。其特点是成本低、主题突出、视觉效果好、广告信息覆盖面大。

知识点 1 DM 单的设计规范

设计DM单时需要考虑两点，一是纸张大小，二是版式内容。

1．纸张大小

DM单的常用尺寸有大16开（成品210毫米×285毫米）、大8开（成品420毫米×285毫米）、大32开（成品210毫米×142毫米）和大64开（成品105毫米×138毫米），出血一般设置为3～5毫米（常设置为3毫米）。

如果采用正方形的设计，其大小一般为230毫米×230毫米和210毫米×210毫米。

2．版式内容

设计DM单的正面时，一般需要注意以下要点。

① 产品或企业形象（最突出，强调视觉冲击力）。

② 色彩搭配符合产品和企业定位（注意专色）。

③ 可展示的元素有主图（最突出）、广告语（第二突出）、企业或产品logo、企业介绍、产品介绍等文字信息，以及联系方式（可选）。

设计DM单的背面时，需要注意以下要点。

① 展示内容要以产品或者活动介绍为主。

② 背面的设计风格要与正面的风格保持一致。

③ 色彩的搭配要与正面保持一致。

④ 主要展示的内容有企业介绍、产品介绍等文字信息，以及联系方式（可选）。

知识点 2 DM 单版面构成原则

思想性与单一性、艺术性与装饰性、趣味性与独创性、整体性与协调性是DM单版面构成的四大原则。

1．思想性与单一性

版面构成的目的是更好地进行信息的传播。要想完成一个成功的版面构成以更好地表达客户的需求，在制作之前首先要明确客户的目的，并进行深入的了解、观察、研究与设计，表达相关的信息。

好的版面设计，主题要鲜明、突出、一目了然，才能达到吸引观众的最终目标。

平面设计传达的内容是有限的，因此版面表现应尽量做到单纯、简洁。但单纯并不等于单调，简洁也不等于简单，而应对信息进行整合，精炼要表达的内容，这是建立在创意性的艺术表现之上的。因此，一个成功的版面设计既要有对内容的规划与提炼，又要包含构成的技巧。图5-1所示的作品以产品本身作为重点，产品突出、醒目，图5-2所示的作品版面构成简洁、主体诉求明确，使观众过目不忘，能够起到很好的产品宣传效果。

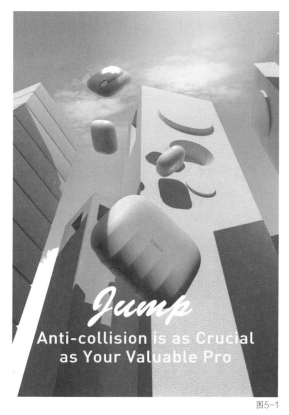

图5-1

图5-2

2. 艺术性与装饰性

版面视觉语言要合乎情理才能更好地服务于版面内容，有效地完成客户诉求。设计的第一步是构思立意。明确主题后，版面布局和排版形式则成为版面设计的核心。一个成功的排版作品要富有新意、美感，变化而又统一，这些取决于设计者的文化涵养、思想境界、艺术修养、技术知识等。

版面的组成元素包括文字、图形、色彩，设计师将这三者以点、线、面的形式采用夸张、比喻、象征的手法进行组合排列，既美化了版面，又有效地传达了信息，同时还能使读者从中获得美的享受，如图5-3所示。

图5-3

3. 趣味性与独创性

版面构成中的趣味性主要是指一种活泼的版面视觉语言。

版面的趣味性可以给画面起到画龙点睛的作用，趣味性可使用幽默的表现手法通过比喻、拟人、抒情的方式来获得。

版面的独创性是版面构成的灵魂，它的实质是突出个性。如果一个版面与常见的版面大同小异，那么它很难被记住，更谈不上有出奇制胜的效果。因此，要敢于思考，敢于独树一帜，在版面设计中多一点个性、多一点独创性，才能赢得消费者的青睐，如图5-4所示。

图5-4

4. 整体性与协调性

版面构成是信息传播的桥梁，形式的展现必须符合内容的主题思想。形式大于内容或内容大于形式的版面都是不成功的。形式与内容合理地统一，整体布局协调，才能体现海报版面的艺术价值，以及版面想要传达的中心思想。整体组织与协调编排版面的文字和图片，可以使版面具有秩序美、条理美，从而获得良好的视觉效果。图5-5所示的封面和内页在排版和内容上都保持高度的统一。

图5-5

实战项目1 比萨店宣传DM单设计

此DM单主要用于比萨店的产品宣传和活动促销宣传，因此在页面的排版和内容的呈现上主要是以大标题吸引消费者；在内容上主要以产品的展示和活动介绍为主；在颜色的运用上采用能够引起人食欲的橙色为主色调，最终效果如图5-6所示。

图5-6

任务1 新建文档，填充背景

此DM单主要采用纸质印刷，因此在创建文档时设置文档大小为DM单常用尺寸"210毫米×285毫米"，分辨率为"300像素/英寸"，颜色模式为"RGB颜色"（若实际用于印刷，颜色模式应设置为"CMYK颜色")。在进行印刷文档的设置时要考虑出血线的设置，这里设置出血线为3毫米，因此实际创建文档尺寸为"216毫米×291毫米"，如图5-7所示。

使用自定形状工具绘制背景中间的放射图形，使用矩形工具和椭圆工具结合布尔运算绘制底部的云，绘制好的背景如图5-8所示。

图5-7　　　　　　　　　　　　　　　　　　　图5-8

任务 2　添加主标题和辅助信息

使用形状工具绘制标题的装饰以突出主标题，使用直接选择工具将绘制的圆环断开，使用自定形状工具绘制彩带图形。给文字"美味比萨"添加描边效果，增强对比度。添加与比萨相关的图形和图片，活跃画面氛围，如图5-9所示。

使用横排文字工具添加店铺地址和联系方式等信息，对关键信息设置粗体文字，使用圆角矩形框作为装饰突显快递信息。采用左对齐形式对文字信息进行区块化排版，使内容显得更加具有条理，层次清晰，如图5-10所示。

图5-9　　　　　　　　　　　　　　　　　　　图5-10

任务 3　制作 DM 单背面内容

复制制作好的DM单正面文件，在其基础上进行背面内容的制作。使用自定形状工具按住Shift键绘制射线底纹，借助智能参考线，使射线底纹与背景垂直居中。执行"视图→新建参考线版面"命令，建立距版面边缘18毫米的参考线，如图5-11所示。以参考线为参考，使用矩形工具绘制白色背板并设置"描边"图层样式，添加30像素的内描边，如图5-12所示。

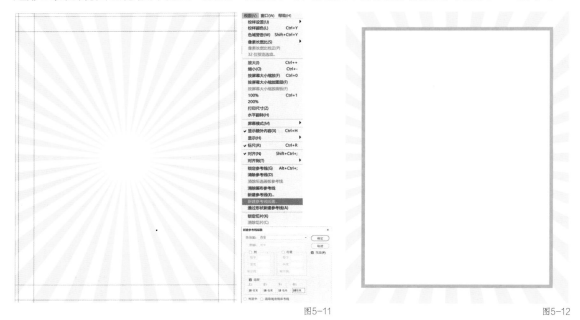

图5-11   图5-12

制作产品展示的部分时，因为有很多相似的图片素材和文案，所以在制作时可以先制作一个产品介绍的小模块作为模板，然后复制该模块，再进行内容更换，减少制作时间，提高工作效率。使用自定形状工具制作分界线，分界线能起到装饰画面的作用，如图5-13所示。在底部绘制矩形色块，添加活动信息，增加点、线、面的对比，如图5-14所示。

图5-13   图5-14

实战项目2 护肤品DM单设计

此DM单为护肤品宣传单。护肤品DM单多以宣传产品为主，因此在视觉主体设计上应突出产品。DM单色调可以根据logo颜色进行设定，也可以以产品的色调为主色调。本DM单的主色调是产品的同类色，能够很好地与产品融合，同时也能突出产品，最终效果如图5-15所示。

图5-15

任务 1 新建文档，填充背景

此DM单主要用于纸质印刷设计，因此文档设置与上一案例相同。设置文档尺寸为"216毫米×291毫米"（包含3毫米出血），分辨率为"300像素/英寸"，颜色模式为"RGB颜色"。

创建文档后进行背景的填充，给背景填充粉色系的径向渐变，添加水珠素材并设置图层混合模式为"叠加"，使背景呈现水润效果，突出产品补水、滋润的功效。使用矩形工具绘制下方产品展示的平台，如图5-16所示。将抠好的产品素材置入文档中并为其添加投影，在产品上方添加水珠效果，将图层混合模式设置为"叠加"，使产品与场景保持一致，如图5-17所示。

图5-16 图5-17

提示 为水珠添加蒙版，按快捷键Ctrl+Shift载入所有产品选区，使水珠能够贴合在产品上，结合画笔工具将平台位置的水珠显示出来。

任务2 添加文案内容

使用横排文字工具添加主题文案，选择具有设计感的英文字体，添加色块增加画面的线面对比。下方文字使用不同粗细的字体，使文字内容更有层次感。

在文字下方使用形状工具添加圆角矩形色块，设置文字为不同粗细，添加曲线装饰图形，增强内容层次感，如图5-18所示。

套系产品文字说明以水滴图形作为背景，与整体画面背景呼应，同时又起到丰富画面的作用。在画面右下角添加网址、电话、二维码等相关信息，使画面构图更加平衡，如图5-19所示。

图5-18 图5-19

任务 3 制作背面内容

　　复制DM单的正面文件，在此基础上制作背面的内容，制作背面内容时要注意保持正反两面的风格和色调统一。

　　给背景填充红色，使用矩形工具绘制亮粉色的背板，结合属性面板调整一角为圆弧，使背景更有设计感，如图5-20所示。

　　根据信息内容的不同，将文字分区块进行排版。广告语部分应选择较大字号的文字，使标题更加突出。为下方"三大功效"标题添加装饰图形突出内容，以圆角描边矩形色块作为内容背景，突出内容的同时又与下方产品说明区分开。

　　制作产品说明部分时，为了提高工作效率，可先制作一个模板，然后在模板基础上进行内容的更换。同时，为了避免呆板，可以在内容排版上使用左图右文和右图左文交替展示。下方其他信息使用红色矩形块作为背景，与上方标题起到呼应的效果，同时将价格文字突出，增强DM单的营销性，如图5-21所示。

图5-20

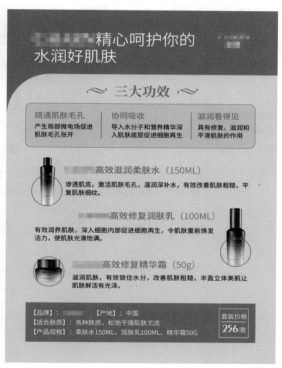

图5-21

本课作业 制作果饮店活动DM单

作业要求

利用图5-22所示的图片及提供的文案制作果饮店DM单。DM单尺寸为"210毫米×285毫米",分辨率为"300像素/英寸",颜色模式为"RGB颜色"。注意正反两面画面的颜色和风格的统一,参考效果如图5-23所示。

图5-22

图5-23

作业要点提示

步骤1 新建包含3毫米出血的尺寸为216毫米×291毫米的文档,填充果绿色线性渐变,使用椭圆工具绘制圆形装饰背景。

步骤2 置入主产品并添加投影,使产品融入背景画面,使用横排文字工具输入主标题。将文字复制一层并转换为形状,填充图案,分别为上下文字层添加描边,增强标题层次感。

步骤3 使用自定形状工具制作气泡对话框,结合"重复复制"命令为厚度部分添加斜线图案以突出活动内容。添加其他自定形状和图形进一步丰富画面,添加相关文案内容。

步骤4 复制正面文件,在此基础上制作背面内容。保留正面果绿色渐变背景,以图文结合的方式分类展示产品价格内容,添加装饰图案与正面呼应。

第

6

课

海报设计实战

海报是常见的设计形式之一。海报的设计需要醒目，要能够快速获得人们的关注，因此设计海报时需要设计者在图像、色彩、结构和文字等方面都用心排版。

实战准备 海报的相关知识

海报具有强烈的视觉效果，主要运用图像、文字、色彩、版面、图形等元素，结合不同媒体的使用特征，为实现广告目的进行艺术创意性的设计。

知识点 1 海报概念和分类

海报是一种常见的宣传方式，早期常用于戏剧、电影等演出或球赛等活动的预告，随着时代的发展，如今海报被广泛地应用到各行各业的宣传活动中。根据应用领域和内容呈现的不同，海报可划分为商业海报、电影海报、活动海报、公益海报等。

1. 商业海报

商业海报是用来推广商品、品牌、企业等以营利为目的的海报，如图6-1和图6-2所示。商业海报的设计要恰当地将产品的格调和受众的需求结合起来，使消费者对品牌感到亲切、信任，进而促进销售。

图6-1

图6-2

2. 电影海报

电影海报主要起吸引观众注意、提高电影票房收入的作用，如图6-3和图6-4所示，戏剧海报、文化海报等与电影海报类似。设计电影海报首先要了解电影的剧情及核心思想，然后通过海报传递电影的核心信息，从而吸引观众。

3. 活动海报

活动海报一般以推广文化、艺术、教育及体育活动为主，如音乐会、展览等，如图6-5和图6-6所示。活动海报不像电影海报或商业海报有具体的剧情和产品作为依据，更多的是一种意境的传达，对设计师的表现力要求极高，需要通过设计师高超的表现技巧来形成强烈而独特的视觉语言，具有很高的艺术价值。

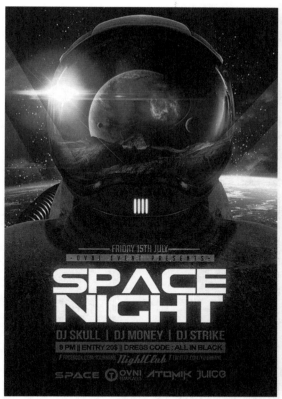

图6-3

图6-4

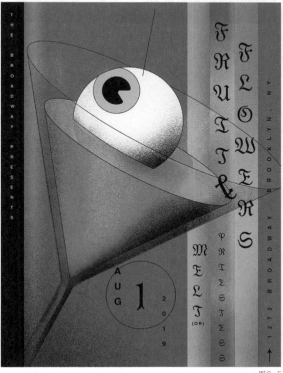

图6-5

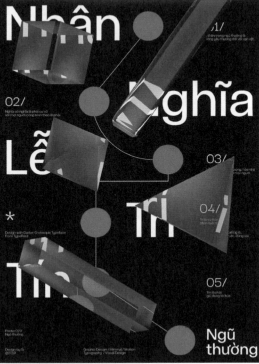

图6-6

4．公益海报

公益海报一般带有一定的思想性，具有特定的教育意义，此类海报的主题一般为各种社会公益、道德的宣传，弘扬爱心奉献、共同进步的精神等，如图6-7和图6-8所示。

图6-7

图6-8

知识点 2 海报尺寸

海报的尺寸主要根据应用场景来设定，一般分为印刷海报和电子屏幕海报两类。

1．印刷海报

① 文件尺寸单位：毫米（出血为3毫米）。

② 文件格式：TIFF。

③ 颜色模式：CMYK颜色。

④ 分辨率：300像素/英寸。

印刷海报的常用尺寸有420毫米×570毫米、600毫米×900毫米、1000毫米×1500毫米等，海报的具体输出尺寸根据实际需求确定。

2．电子屏幕海报

① 文件尺寸单位：像素。

② 文件格式：JPG。

③ 颜色模式：RGB颜色。

④ 分辨率：72像素/英寸。

电子屏幕海报的具体尺寸根据各推广终端的实际要求和屏幕分辨率决定，不同的终端（如电梯LED屏、影院LED广告屏、PC端、移动端等）需要设置不同的海报尺寸。手机端海报的常用尺寸为1080像素×1920像素。

实战项目1 精华水海报设计

精华水海报的主要宣传需求是体现产品功效，促进销售。为了更好地体现产品特性，让消费者更有代入感，海报背景采用清新自然的风格来衬托产品，背景色调也选择与产品色调相近的绿色为主，使画面更加融合统一。海报的最终效果如图6-9所示。

图6-9

任务1 新建文档，填充背景

此海报主要用于手机端的宣传，因此将文档大小设置为手机端的常用尺寸"1080像素×1920像素"，分辨率设置为"72像素/英寸"，颜色模式设置为"RGB颜色"，如图6-10所示。

进行产品海报制作时，首先需要创建背景，确认海报主色调。在创建好的文档中分别置入草地和天空素材，使用图层蒙版将两张背景素材进行融合，并使用画笔工具为天空添加浅绿色，设置图层混合模式为"叠加"，将天空部分提亮，如图6-11所示。

图6-10

图6-11

产品类海报多采用垂直居中的布局形式，这样能更好地突出产品，画面视觉更稳重。此外，为了凸显产品，还需要利用曲线调整图层和暗色图层将背景的四周和底部压暗，弱化背景，如图6-12所示。

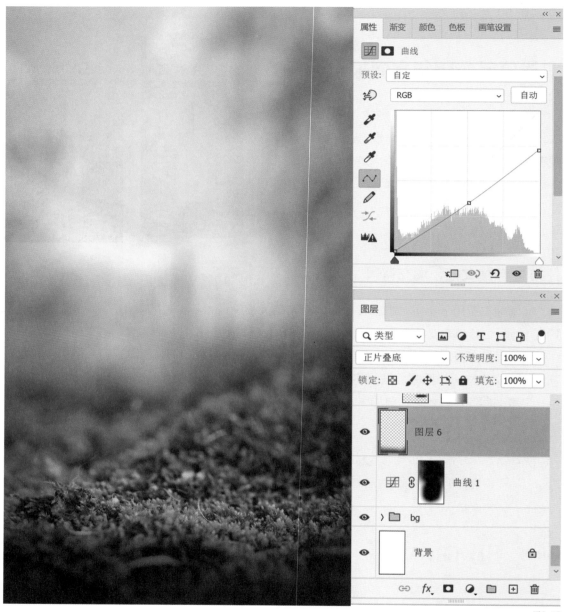

图6-12

任务2 置入产品并进行细节调整

由于产品的拍摄环境与背景环境不一致，为了置入产品后使其更好地融入场景，需对产品进行明暗和色调的调整。

添加曲线调整图层，增强产品的明暗对比效果，如图6-13所示。设置"内阴影"图层样式，为产品添加右侧反光。将图层样式创建为图层，对反光进行细节调整。使用画笔工具结合"叠加"图层混合模式，分别为侧面和底部增加光效，进一步提升产品质感，如图6-14所示。

图6-13

图6-14

提示 选择添加图层样式的图层，将鼠标指针移动到图层右侧的"fx"图标上，单击鼠标右键，在弹出的快捷菜单中执行"创建图层"命令，可将图层样式创建为独立图层，方便单独编辑图层样式，进行局部显示和隐藏。

置入光斑素材，将图层混合模式设置为"滤色"。在光斑图层上方添加绿色着色图层，选择画笔工具，设置画笔预设，绘制散点光斑提升画面氛围，增加树枝元素丰富画面，同时也起到引导视线的作用，如图6-15所示。

任务3 添加文案，调整整体氛围

使用横排文字工具添加主标题和辅助文字，通过大小和颜色的不同将文字层级拉开。

使用图层样式为主标题"多重功效呵护肌肤"添加"描边"和"投影"效果，进一步强调主标题。使用形状工具分别为功

图6-15

效内容和辅助广告语添加色块和线条，增加画面点线面的对比，如图6-16所示。

新建图层并将其填充为黑色，执行"滤镜→渲染→镜头光晕"命令制作光晕效果，并将图层混合模式设置为"滤色"，为画面添加光照效果。在所有图层的最上层添加曲线调整图层，调整整体画面的明暗对比，添加紫色到橙色的渐变映射，调整图层并将图层混合模式设置为"柔光"。根据具体效果，降低图层的不透明度，增强画面的冷暖对比。按快捷键Ctrl+Shift+Alt+E添加一个盖印图层，执行"滤镜→其他→高反差保留"命令并将图层混合模式设置为"叠加"，增强画面质感，如图6-17所示。

图6-16

图6-17

提示 进行海报设计时，最后添加一个盖印图层，使用高反差保留滤镜，可以很好地提升画面的质感。

实战项目2 《勇敢的心》电影海报设计

此电影海报宣传的电影为《勇敢的心》，电影主题设定为一个来自小山村的女生，敢于与旧观念做斗争，最终走出山村实现自己梦想的故事。海报的背景以暗色调为主，用逆光的手法来隐喻主人公敢于与黑暗做斗争，画面中的路灯照亮前方的路，也隐喻人物坚定的信念像路灯一样为其照亮前方的路。海报的最终效果如图6-18所示。

图6-18

任务1 新建文档，填充背景

此海报主要用于手机端的宣传推广，因此新建文档时将尺寸设置为"1080像素×1920

像素"，分辨率设置为"72像素/英寸"，颜色模式设置为"RGB颜色"。在创建好的文档中置入胡同和月球素材，使用选区工具选择胡同的天空，并使用图层蒙版将胡同的天空遮挡，用月球替换胡同的天空，增强画面的视觉对比，如图6-19所示。

图6-19

针对胡同和月球素材进行调色，使两张图片能更好地融合在一起。

这张电影海报以暗色调为主，胡同素材色调饱和度和亮度都比较高，因此首先利用色相/饱和度调整图层降低图片饱和度，再利用曲线调整图层将画面压暗。为了使画面的明暗变化更有层次，可添加两个曲线调整图层，结合图层蒙版使画面呈现递进的明暗变化。使用画笔工具绘制暗橘色图层，将图层混合模式设置为"柔光"，结合实际情况适当降低图层不透明度，使添加的颜色与背景更加融合。在暗橘色图层上方绘制亮橘色图层，将图层混合模式设置为"叠加"，增强画面饱和度和亮度，营造画面的故事感，如图6-20所示。

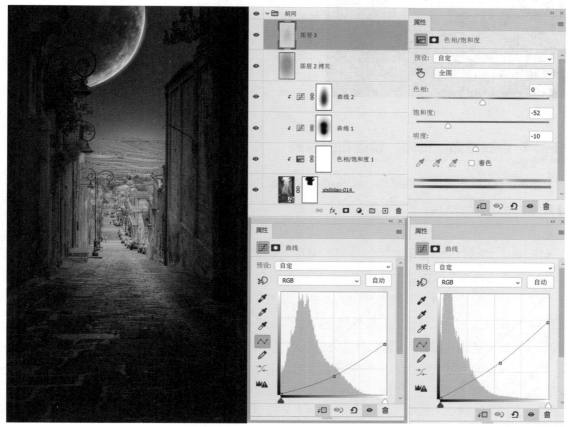

图6-20

确定胡同的整体色调后，以此为参考，对月球进行调色。利用曲线和色彩平衡调整图层将月球压暗，同时将其色调调整为与胡同相近的色调，如图6-21所示。

图6-21

任务 2 添加灯光和日光，塑造画面氛围

利用同色系不同亮度的颜色，结合图层混合模式将路灯点亮。根据光照的特点可将光分为3层——外层环境光为扩展区，第二层为高温区，最亮的为高光区。

为路灯添加偏橘色的光照图层。最外层的扩展区为暗橘色图层，将图层混合模式设置为"线性减淡"；第二层的高温区为纯度较高的亮橘色图层，将图层混合模式设置为"颜色减淡"；高光区为淡黄色图层，将图层混合模式设置为"滤色"。

为了使光照更加真实，在光照的周边需要添加环境光。利用画笔工具绘制暗橘色图层并将图层混合模式设置为"柔光"，稍微提亮周边，新建一层饱和度相对高一些的橘色图层，将图层混合模式设置为"叠加"，增强环境光的饱和度和亮度。

运用同样的方式在画面中的地平线上添加太阳光，增强明暗对比，如图6-22所示。

发光体

扩展区
(线性减淡)

高温区
(颜色减淡)

高光区
(滤色)

环境光

高温区
(叠加)

扩展区
(柔光)

（具体使用何种图层混合模式不是绝对的，应根据实际情况选
择合适的图层混合模式，并结合图层不透明度增强融合度）

图6-22

任务3 置入人物素材并进行细节修饰

将抠好的人物素材置入画面中，结合画面整体色调和光源关系对人物进行修饰。

人物素材相对画面而言过于明亮，因此需要在人物图层上方添加曲线调整图层，参照画面整体的明暗关系将人物压暗。由于人物是逆光站立的，除将人物压暗以外，还需要在地面添加人物投影，使人物能更好地融入画面。选择人物图层，按住Ctrl键并单击，载入人物轮廓选区。在人物图层下方新建空白图层，基于选区填充深咖色，结合"自由变换"命令和图层蒙版制作人物投影，如图6-23所示。根据光照，创建"内发光"图层样式，将图层样式创建为图层，使用图层蒙版为人物打造逆光效果。使用画笔工具结合"叠加"图层混合模式给人物添加与整体环境相融合的色调，如图6-24所示。

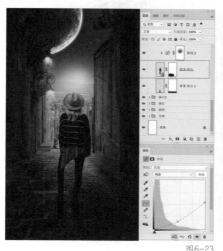

图6-23

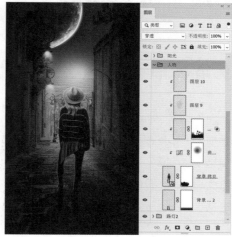

图6-24

任务 4　添加海报文案，调整整体氛围

使用横排文字工具为海报添加文案，根据文字的主次关系，利用不同大小的字号和不同的字体拉大文字级差，结合画面布局将文字排版设置为垂直居中。

为使标题更好地融入海报，使用"内阴影"和"投影"图层样式为文字添加立体感。置入斑驳纹理，结合剪贴蒙版为文字添加斑驳效果，增强文字的故事感，如图6-25所示。

添加纯色调整图层，结合图层蒙版，将画面四周压暗。添加曲线调整图层，增强画面整体明暗对比度。添加紫色到橙色的渐变映射，调整图层增强画面冷暖对比。按快捷键Ctrl+Alt+Shift+E添加一个盖印图层，执行"滤镜→其他→高反差保留"命令，将图层混合模式设置为"柔光"，增强画面质感，如图6-26所示。

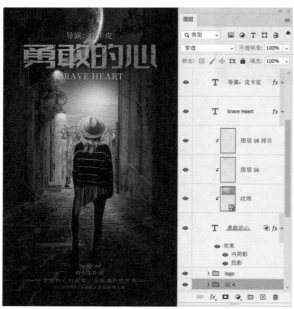

图6-25

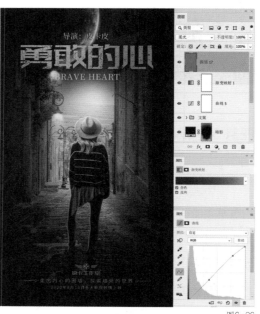

图6-26

实战项目3　毕业展海报设计

本海报为活动海报，这一类型的海报多以文字为主，背景通常由色块和图案组成，颜色多以高亮度的纯色为主。海报的最终效果如图6-27所示。

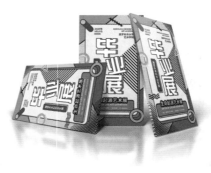

图6-27

任务 1　新建文档，填充背景

此海报主要用于手机端的宣传推广，因此新建文档时将尺寸设置为"1080像素×1920

像素"，分辨率设置为"72像素/英寸"，颜色模式设置为"RGB颜色"。

在创建好的文档中填充纯黄色的背景，置入网格图案丰富背景细节，添加波点元素增强画面点线面的对比，使用形状工具分别在画面左上角和右下角绘制带描边效果的纯色块，丰富画面颜色，如图6-28所示。

使用圆角矩形工具在画面中间绘制两个圆角矩形，错位排放。为上层形状填充和添加"描边"图层样式，使用"自由变换"命令和"重复复制"命令绘制斜线图案，通常剪贴蒙版将斜线图案剪贴到圆角矩形中，丰富中心背景。为下层形状添加"图案叠加"和"描边"图层样式，为下层形状添加断点图案，如图6-29所示。

图6-28

图6-29

任务2 添加主标题和辅助文字

使用横排文字工具建立"毕业展"文字层，并将3个文字拆分为3个独立图层，错位排列。复制文字图层，在图层名称上单击鼠标右键，在弹出的快捷菜单中执行"将文字转换为形状"命令，为形状文字添加"颜色叠加"和"描边"图层样式，增加主标题的层次感。使用横排文字工具添加辅助文字，使用不同大小的字体和色块拉大文字级差，通过添加不同色块丰富画面，如图6-30所示。

图6-30

任务3 添加装饰元素丰富画面

此海报主要用于宣传艺术展，为了更进一步体现其艺术性，可以使用椭圆工具和自定形状工具进一步绘制装饰元素。添加与艺术基本构成相关的环状三角形和曲线等元素能更好地贴近主题，如图6-31所示。

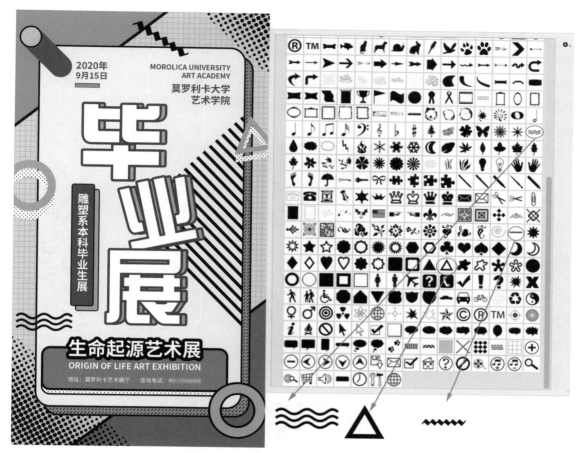

图6-31

实战项目4 "世界爱水日"公益宣传海报设计

此海报为"世界爱水日（一般常称"世界水日"）公益海报。公益类海报多通过强烈的反差对比来引起大众的共鸣，因此在海报构思上利用沙漏作为主体物，隐喻节约用水刻不容缓。沙漏的上方为水，下方为沙漠，表示水越来越少，土地沙漠化越来越严重，绿植在逐渐消失。海报通过这样的画面提醒人们珍爱水资源。海报的最终效果如图6-32所示。

图6-32

任务 1 新建文档，填充背景

此海报主要用于现实场景的宣传推广，因此新建文档时将尺寸设置为"42厘米×57厘米"，分辨率设置为"300像素/英寸"，颜色模式设置为"CMYK颜色"，如图6-33所示。在创建好的背景上填充浅蓝色到蓝色的径向渐变，置入沙漏素材，添加色彩平衡调整图层，为沙漏添加环境色，使用画笔工具结合图层蒙版给沙漏添加投影，如图6-34所示。

图6-33

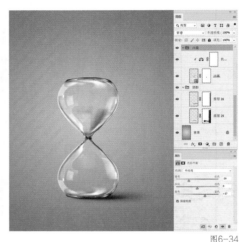

图6-34

> **提示** 如果海报留白较多，内容较少，是否设置3毫米的出血线对文档印刷输出影响不大，因此这里新建文档时没有包含出血线。若海报的文字和图片素材较多，画面较饱满，留白很少，则出血线的设置是不可或缺的。

任务 2 添加水和沙漠素材

置入水素材，添加图层蒙版，使水沿沙漏轮廓显示。置入水滴1素材并添加图层蒙版，使水滴1素材与上方的水素材衔接；置入水滴2素材模拟水的滴落效果，如图6-35所示。

置入沙漠素材，将沙漠图层复制一层。给上方图层添加图层蒙版，显示远处沙丘效果。给下层图层添加图层蒙版，显示近处沙漠效果。添加色相饱和度调整图层，压暗下部沙漠。使用画笔工具添加咖啡色图层并将图层混合模式设置为"正片叠底"，将两边进一步压暗，增加底部立体感。置入枯树和树枝素材，复制枯树图层并将枯树填充为深咖色，执行"滤镜→模糊→高斯模糊"命令，添加图层蒙版制作枯树阴影。在枯树图层上方置入镜头光晕素材，将图层混合模式设置为"滤色"，营造骄阳似火的效果，如图6-36所示。

图6-35

图6-36

任务3 添加文案，调整整体氛围

使用横排文字工具输入主标题和辅助文字，通过设置文字的大小和不同的字体加大文字级差和画面对比。

复制主标题"世界爱水日"并将文字转换为形状，为形状添加"描边"图层样式，增强文字层次感。在所有图像最上层添加曲线调整图层，增强画面明暗对比。添加蓝色照片滤镜图层，增强画面蓝色调。添加黑色图层并将图层混合模式设置为"柔光"，结合图层蒙版为四周添加暗角，突出视觉中心。添加一个盖印图层并执行"滤镜→高反差保留"命令，将图层混合模式设置为"叠加"，增强画面质感，如图6-37所示。

图6-37

> **提示** 使用照片滤镜调整图层既可以将画面整体颜色调整为需要的颜色，又可以增强画面饱和度。

本课作业 制作运动鞋海报

作业要求

　　利用图6-38所示图片和提供的文案制作鞋子海报，海报尺寸为"1080像素×1920像素"，分辨率为"72像素/英寸"，颜色模式为"RGB颜色"，参考效果如图6-39所示。

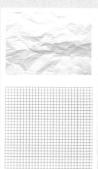 

图6-38

图6-39

作业要点提示

　　步骤1　新建尺寸为"1080像素×1920像素"的文档，置入斑驳背景图片素材，添加色相/饱和度调整图层，降低背景图片整体明度。置入塑料褶皱和网格纹理素材，增加背景细节和质感。

　　步骤2　使用圆角矩形工具绘制中间展示背板，并将褶皱纸剪贴到圆角矩形背板中。置入主产品鞋子素材，添加曲线调整图层增强鞋子明暗对比，添加"阴影"图层样式，增强鞋子与背景之间的空间感。复制鞋子并将其水平翻转，为下方鞋子添加高斯模糊的滤镜效果，增强画面虚实变化。

　　步骤3　使用横排文字工具制作上方英文辅助文字，将文字"LOVE SPORTS"复制一层，并将下方文字转换为形状。将两层文字错位摆放，为下方形状文字添加"描边"图层样式，在上层文字上方使用画笔工具"喷枪硬边低密度粒状"笔刷绘制斑点纹理，并剪贴到文字层上，增强文字层次感和质感。

　　步骤4　使用横排文字工具输入"满300减40"并复制一层，将下层文字转换为形状，并为形状添加"图案填充"和"描边"图层样式。为上层文字添加"描边"图层样式，增强文字层次感。根据排版设计中平衡性的原理，使用横排文字工具添加辅助文字，使用直线工具添加装饰性线条，增强画面的点线面和颜色的对比。按快捷键Ctrl+Shift+Alt+E添加一个盖印图层并执行"滤镜→高反差保留"命令，将图层混合模式设置为"叠加"，增强画面质感。

第 **7** 课

书籍装帧设计实战

书籍装帧设计主要包括封面和装帧设计，这里主要讲解封面设计相关知识。使用Photoshop制作封面，能更好地呈现画面视觉效果，操作的灵活性也更大。封面设计是书籍的"门面"，在浩如烟海的书籍中脱颖而出的，必定是那些有着优秀封面设计。内容精良的图书。任何一本图书在封面设计方面都有特殊的要求，在设计时要突出其风格和特色。

实战准备 书籍装帧设计知识

好的书籍装帧设计要贴合书籍风格、内容及主题思想，符合作者的意图，并且满足大众的审美。在此基础上，好的封面还要有一些个性特征，不能和其他书籍封面设计风格雷同。

知识点 1 书籍装帧概念

书籍装帧设计指书籍的整体设计。书籍装帧包括书籍材料和工艺的选择、书籍内容的排版设计等。书籍装帧艺术是技术和艺术的结合，是思想和艺术、外观和内容、局部和整体的和谐组成。对于从事常规视觉设计的设计师来说，书籍装帧设计主要是包括书籍的开本设定、封面、腰封、字体、版面、色彩、插图等的设计。例如，图7-1所示为封面设计，图7-2所示为整体装帧设计。

图7-1

图7-2

知识点 2 封面设计要素

文字、图形、色彩和构图是封面设计的四大要素。设计者要把书的性质、用途和读者对象有机地结合起来，表现书籍的内涵，以封面的形式呈现给读者。

1. 文字

封面上简练的文字主要是书名（包括丛书名、副书名）、作者名和出版社名。这些封面上的文字信息在设计中起着举足轻重的作用，如图7-3所示。

2. 图形

封面上的图形一般包括摄影图片、插图和图案，其中有写实的、抽象的和写意的等，如图7-4所示。

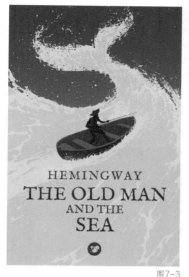  

图7-3   图7-4

3. 色彩

虽然每个人对色彩的认知有着不可避免的个性差异，但人对色彩的感受能力也是有共性的。对于色调的设计，要尽量符合大众的认知，基调要与书的内容相符，如图7-5所示。

4. 构图

构图的形式包括但不限于水平形式、垂直形式、曲线形式、交叉形式、倾斜形式、放射形式、向心形式、三角形式、底纹形式、散点形式、边线形式和叠合形式等，如图7-6所示。

图7-5   图7-6

知识点 3 封面设计原则

封面设计不仅要有效地传达信息，还要给读者一种美的享受。封面设计的表现形式是丰富多样的，设计者不能不负责任地随意将文字堆砌到画面中。书籍是为读者服务的，设计者应该经过详细深入的分析后再做设计，如图7-7所示。

好的封面设计具有韵律美，优秀的设计师在字体的形式、大小、疏密和构成等方面都比较讲究。

另外，封面设计的视觉风格必须与内容和目标读者统一，成功的设计应具有感情，有效地传达出书籍作者想要表达的思想。如科技类读物多以严谨的形式呈现，少儿类读物以活泼的形式呈现等。图7-8所示为儿童读物封面。

书籍是思想和艺术的载体，了解一本书是从封面开始的。因此，在封面设计中，每一个构成元素都要具有一定的设计思想，既要有内容，又要有美感，如图7-9所示。

图7-7   图7-8   图7-9

实战项目1 《骄傲的你》书籍封面设计

《骄傲的你》是一本都市言情小说，封面选择了干净清新的风格，没有直接用人物去表现，而是用一个小场景营造出温馨的氛围，同时也让读者有想象空间，产生阅读的兴趣，封面效果如图7-10所示。

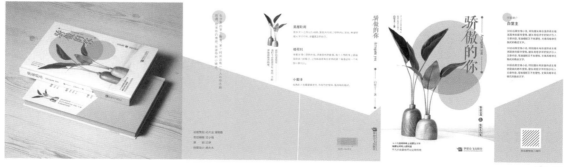

图7-10

任务 1 新建文档，建立参考线

本书为常规的小说类图书，这里设置封面的尺寸为常规32开本（148毫米×210毫米）。

封面展开后，包括封面、封底、勒口（封面折进去的部分）、书脊，其中书脊的厚度应结合实际印刷书籍的厚度来设定。

> **提示** 0.135 × 克重 / 100 × 页数（特别注意是页数，不是码数）= 书脊厚度（单位是毫米）。

书籍印刷纸张常用克重有55克、60克、70克、80克、100克、120克，这里采用80克的纸张，页数预计120页，通过公式计算书脊厚度为12.96毫米。书脊厚度一般会预留多一些，所以这里暂定书脊厚度为15毫米。勒口的大小没有固定尺寸，一般设置为50 ~ 120毫米，这里设定一个中间数值95毫米。

新建文档时，将尺寸设置为"507毫米 × 216毫米"，其中包括3毫米出血，分辨率设置为"300像素/英寸"，颜色模式设置为"CMYK颜色"，如图7-11所示。

> **提示** 封面总宽度为148毫米（封面）+15毫米（书脊）+148毫米（封底）+2 × 95毫米（左右勒口）+ 2 × 3毫米（左右出血）=507毫米，高度210毫米+2 × 3毫米（上下出血）=216毫米。

根据设定的尺寸建立参考线，同时设置版心范围，设置边缘到内容的距离为15毫米，如图7-12所示。

图7-11

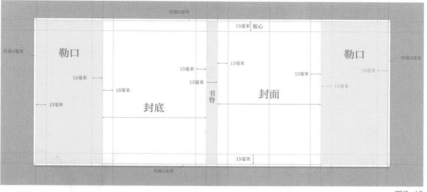

图7-12

任务 2 制作封面内容

这本小说的风格是清新的，因此这里使用比较简洁的画面布局。首先根据搭建的参考线置入背景素材，使用椭圆工具绘制圆形，让画面显得更加柔和。背景素材分两层，一层是完整的图像，另一层是带不透明度的图像，这样后方的形状能更好地融入画面，如图7-13所示。

输入书籍名字《骄傲的你》，选择书籍名称文字图层，单击鼠标右键，在弹出的快捷菜单中执行"转换为形状"命令，使用钢笔工具结合直接选择工具对文字笔画进行拉长和弧度调整，让文字显得更加有文艺感，更贴合小说基调。结合提供的有关书籍封面的文案，根据排版统一性原则，输入说明文字、出版社logo，同时利用自定形状工具绘制辅助图形丰富版面内容，如图7-14所示。

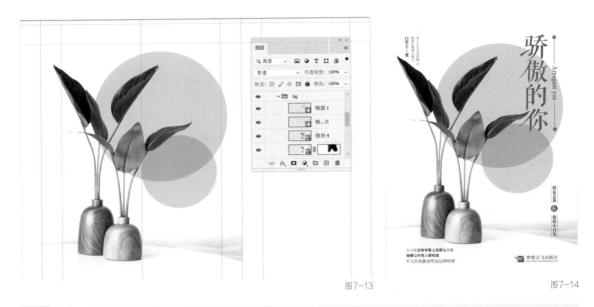

图7-13　　　　　　　　　　　　　　　　　　　　　　　图7-14

书籍封面的内容有一般书名、出版社logo、作者名称、书籍内容提炼文字，作者感言等。

任务 3　制作封底、书脊和勒口

　　制作封底、书脊和勒口没有太复杂的操作，在进行内容排版时，主要是根据封面风格进行设计。这里主要是使用椭圆工具绘制色块，色块颜色与封面颜色一致。利用形状分割内容，增强封面的层次感。增加与封面相关的点缀元素，增加封面的细节，如图7-15所示。

图7-15

图书的封底一般会展示书评或者内容简介等，底部需要放置条形码和书的价格。书脊一般需要放置书名、作者名称、出版社logo，方便读者购书时快速找到。勒口多用于保护封面，勒口的内容可以是作者简介，也可以是与书籍相关的文字，此处的内容不固定。需要注意的是，勒口上不要排过多内容。

实战项目2 时尚杂志封面设计

时尚杂志封面设计多以人物特写为主体物，在书店或报刊亭的书架上这样的封面更容易吸引人们的注意力。杂志类封面的设计在文字排版上比较随意，文字多选择时尚感比较强的黑体字，同时搭配一些英文作为点缀。本实战项目选择时尚杂志《优雅与格调》进行封面设计，最终效果如图7-16所示。

图7-16

任务 1 新建文档，建立参考线

常规杂志封面的尺寸一般为16开（210毫米×285毫米），因此，本实战项目需要将文档尺寸设置为"216毫米×291毫米"，其中包括3毫米的出血。

此项目主要是为了使读者掌握杂志封面的设计技巧。为了使浏览效果更佳，这里把颜色模式设置为"RGB颜色"（如果用于印刷，需要将颜色模式设置为"CMYK颜色"），分辨率为"300像素/英寸"，如图7-17所示。

在进行内容排版时，为了使画面更加具有透气性，同时让排版更加规整，可以给版面设置版心范围，一般可将内容到边缘的距离设置为15毫米，如图7-18所示。

图7-17

任务 2 置入图片素材，排版封面文字

将杂志主图素材置入文档中，图片原图明暗对比较弱，在图片上方添加曲线调整图层，将图像提亮，增强明暗对比。在曲线调整图层上方添加色相/饱和度调整图层，调节明度为负数，将画面整体压暗。利用画笔工具编辑色相/饱和度调整图层的图层蒙版，使用黑色画笔将中间的效果进行隐藏，使画面中间亮两边暗，突出人物的面部。如图 7-19 所示。

结合图片视觉效果，封面排版采用四周排字的形式进行设计。这种排版形式既可突出画面主体物，同时又使画面更加具有层次感和稳定性。

为了体现杂志的时尚简洁，杂志封面的文字不需要添加太多效果，主要通过文字的级差关系和字体的对比来增加艺术性，体现主次关系。

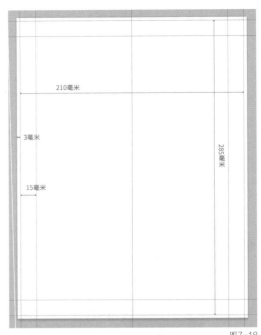

图7-18

使用横排文字工具分别输入标题和辅助内容，为主标题设置较大字号和具有文化感的衬线字体以突出主标题。辅助内容的文字根据主次的不同，设置为不同的颜色、粗细和大小，进一步增加内容的层次，其中英文主要起到装饰作用。使用矩形工具绘制书签背景，并填充与画面颜色呈互补色的黄色，增强画面的颜色对比，如图 7-20 所示。

图7-19

图7-20

本课作业 制作《摩登女郎》杂志封面

作业要求

利用图7-21所示图片及提供的文案制作《摩登女郎》杂志封面。封面尺寸为"210毫米×285毫米",分辨率为"300像素/英寸",颜色模式为"RGB颜色",作业完成的参考效果如图7-22所示。

图7-21

图7-22

作业要点提示

步骤1 新建文档,尺寸设置为"216毫米×291毫米"(包含3毫米的出血),置入背景素材,在图片上方分别添加曲线调整图层和色相/饱和度调整图层,调节图片明暗对比和色相/饱和度。

步骤2 使用横排文字工具添加标题文字和辅助文字。为了增强画面颜色对比,选择个别文字将其单独设置为黄色。

步骤3 将装饰性的英文"VOGUE"置于图片上方,添加图层蒙版将遮住人物头部的文字隐藏,增强图片与文字之间的关联性和画面的空间感。

步骤4 结合画面效果添加色块,增强画面设计感。使用椭圆工具绘制纯色块,设置图层混合模式为"正片叠底",透出下方图像,增强色彩融入感,使用自定形状工具添加书签和装饰性波浪线。

第 **8** 课

图标设计实战

用户界面（UI）设计中的一个重要环节就是设计图标，在每一个
界面中，图标都是不可或缺的一部分，好的图标可以使界面变得
更加美观和精致。

实战准备 图标设计基础知识

图标虽小，但设计起来很考验设计师的基本功。要想设计出好的图标，设计师需要先了解图标的基础概念及制作方法。

知识点 1 图标概念

在讲解图标概念之前，我们首先要知道什么是UI，UI的全称是User Interface（用户界面），而UI设计是指对软件的人机交互、操作逻辑、界面美观性的整体设计，也叫界面设计。在 UI 的设计体系中，图标是最重要的组成部分之一，是任何UI中都不可或缺的视觉元素。

图标（icon）是一种图形化的标识，代表软件产品的功能及操作。图标的形式有很多种，可以应用在很多场景中，其表现方式非常丰富，有线的、有面的，还有拟物的等，如图8-1所示。

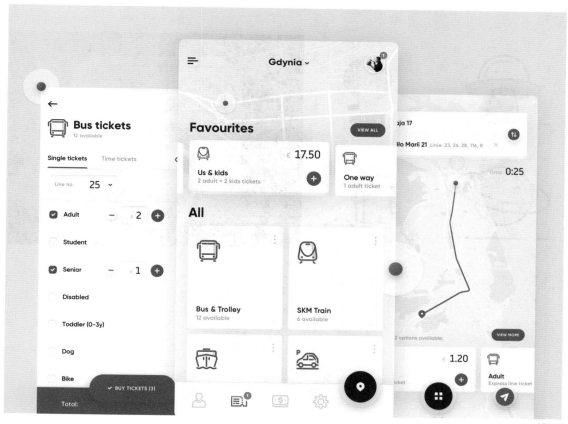

图8-1

知识点 2 图标设计风格

根据应用场景和表现手法的不同，图标的设计风格大致可概括为MBE风格、写实风格、扁平风格、轻质感风格、插画风格、立体风格等。

1. MBE风格

　　MBE风格起源于设计师MBE（MBE为其ID，是Made By Elvis的简写），如图8-2所示。此风格图标的特点如下。

　　▌ 线条较粗。

　　▌ 线条有断点。

　　▌ 线条的端点为圆头。

　　▌ 以高饱和度的颜色为主。

　　▌ 色块与线条在细节处会有错位。

　　▌ 阴影与高光以纯色块来表现。

2. 写实风格

　　写实风格的图标在移动互联网刚刚兴起时非常流行，如图8-3所示。此风格图标的特点如下。

图8-2

图8-3

　　▌ 造型忠于实物。

　　▌ 对于图标的光影处理要求很高。

　　▌ 写实图标的成败在于对细节的处理。

3. 扁平风格

　　扁平风格是极简风格流行的产物，如图8-4所示。此风格图标的特点如下。

　　▌ 造型在满足识别度的基础上尽量简洁。

　　▌ 以纯色填充的色块为主，线条的应用较少。

　　▌ 扁平风格的图标不代表没有光影，依然可以通过纯色块来表现光影。

4. 轻质感风格

　　轻质感风格是介于写实风格与扁平风格之间的一种风格，它既有简洁的造型，又有漂亮的细节处理。目前此类风格的应用最广，也是符合大多数人审美的风格，如图8-5所示。此风格图标的特点如下。

图8-4

图8-5

▌ 造型简洁、干净。

▌ 在细节处理上要求很高，但是很多效果的添加"似有似无"。

▍ 配色追求干净、舒服。

5. 插画风格

插画风格的图标一般需要使用手绘板进行绘制，也可以使用矢量插画的方式表现。插画风格图标的灵感一般来源于游戏、动画片、儿童插画等，如图8-6所示。此风格图标的特点如下。

▍ 图标具有较强的插画风格。

▍ 配色和线条与动画片、游戏的风格类似。

6. 立体风格

立体风格是在《纪念碑谷》游戏盛行后流行起来的一种风格，此处的立体并不是真正的三维立体效果，一般被称为2.5D，如图8-7所示。此风格图标的特点如下。

▍ 2.5D风格最大的特点为不具备明显的近大远小的透视效果。

▍ 配色以简洁、干净为主。

图8-6　　　　　　　　　　　　　　　　　　　　　　　　　图8-7

知识点 3 图标设计原则

简洁、易用、高效、精美的图标设计会起到画龙点睛的作用，能更好地提升视觉效果。进行图标设计要遵循易识别、一致性、兼容性3个原则。

▍ 易识别。图标的作用是通过其形态进行准确的引导交互，换言之，用户在没有文字说明的情况下，只看到图标就能够明白其所代表的含义。这是图标设计的"灵魂"，也是图标设计的基础原则。以图8-8所示的图标为例，尽管它们结构比较简单，但可识别性却很强。

▍ 一致性。图标大多是成套系的，因此在视觉上要协调统一，并且具有自己的风格。风格一致的图标会使界面看上去更加美观、专业，给用户带来更优质的操作体验，如图8-9所示。

图8-8

图8-9

▊ 兼容性。图标设计需要兼容系统与硬件，不同系统、不同设备、不同的使用场景下，图标尺寸大小也不同。因此在设计图标时，通常会设置较大的尺寸，预留足够的调整空间，这样便于适配不同大小的图标需求，如图8-10所示。

图8-10

实战项目1 系列图标设计

系列图标的特点是风格统一、背景板样式统一、形状特点统一，例如中心图标是线性的，其系列内的其他图标也必须是线性的。除此以外，在设计系列图标时，可以设定一个主题，帮助统一风格。

本实战项目需要制作水晶系列图标。因为系列的主题是水晶，所以图标的设计主要在质感上进行表现。中心图案可以使用在免费的图标网站上下载的基本形状图标，在其基础上添加样式效果，这种做法更容易实现，也容易出效果。

此系列图标的风格介于写实风格和轻质感风格之间，每一个图标只有颜色和中心图案不同，处理手法都是一样的，因此只需制作一个样本，其他的替换中心图案和颜色即可，最终效果如图8-11所示。

图8-11

提示　在下载基本形状图标时，注意选择风格一致的图标，以保证图标的统一性。

任务 1　新建文档，搭建图标基本结构

此系列图标为启动图标，应用在不同的功能区块时，图标会被修改成不同的尺寸。例如设置程序板块里的通知选项的图标和手机界面上的图标尽管为同一个图标，但大小不同，在制作图标时只需要制作一个最大尺寸的，在其基础上进行尺寸适配即可。

图标的尺寸一般长宽相同，这里将文档大小设置为"1500像素×1500像素"，图标的整体尺寸设置为"1200像素×1200像素"，如图8-12所示。

 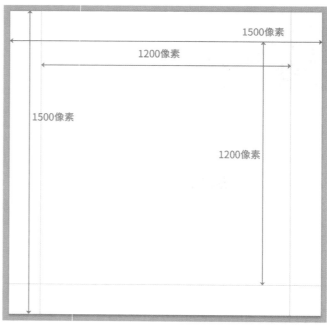

图8-12

为了便于观察制作效果，可以为背景填充比图标颜色深一些的蓝色。选择多边形工具，设置边数为"4"，单击属性栏中的"设置"按钮，勾选"平滑拐角"复选框，如图8-13所示。

按住Shift键绘制椭圆效果的图形，选择图标背板图层，将背板轮廓高度设置为"1130像素"，复制背板图层并移至上层背板下方，填充不同颜色与上方图层区分。将复制的图层位置向下移动70像素，得到背板厚度，置入下载的电话素材并将电话素材调整至合适大小，如图8-14所示。

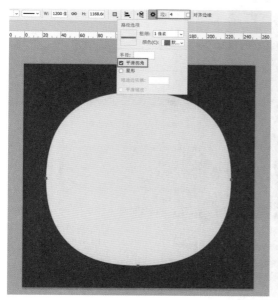

图8-13

图8-14

提示 图标上层背板加厚度之后的整体宽度和高度仍然保持1200像素×1200像素。

任务2 为图标背板打造立体感和质感

① 为上层背板形状添加效果

选择上层形状，添加"渐变叠加"图层样式，设置从浅蓝到深蓝的垂直方向的线性渐变。为了使颜色更加丰富，在形状图层上方新建两层空白图层并剪贴到下方形状层。在第一个空白图层上使用画笔工具在形状上方绘制浅蓝色，并将图层混合模式设置为"柔光"，提亮上部。在第二层空白图层上使用画笔工具在形状的右下角绘制紫色，将图层混合模式设置为"叠加"，丰富深色部分颜色。效果如图8-15所示。

② 为下层形状背板添加效果。

根据上方形状的效果为下方形状添加"渐变叠加"图层样式，同样设置为线性渐变，从浅蓝到深蓝的垂直方向的渐变颜色比上层图形渐变深一些。为底层背板添加"投影"图层样式，增加图标与背景之间的空间感。为了使颜色更加丰富，同样在下方形状背板上方新建两个空白图层并剪贴到下方形状背板上。使用画笔工具在形状的右侧添加紫色并设置图层混合模式为"柔光"，添加的颜色效果会比较柔和。在形状背板的底部中间位置添加浅蓝色并设置图层混合模式为"叠加",制作图标反光效果,如图8-16所示。

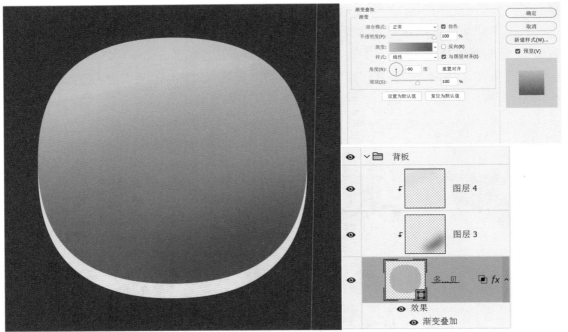

图8-15

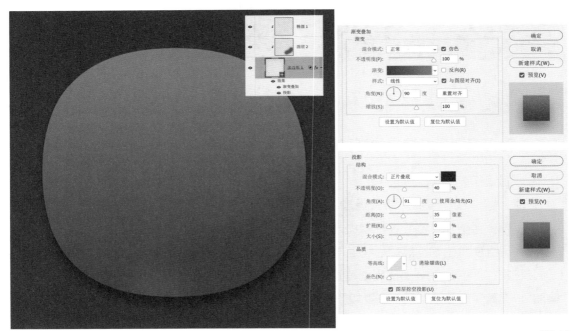

图8-16

> **提示** 为图层添加"渐变叠加""颜色叠加"和"图案叠加"图层样式后,上方剪贴的图层在剪贴蒙版中无法显示,可取消勾选"图层样式"对话框"混合选项"中的"将剪贴图层混合成组"复选框,勾选"将内部效果混合成组"复选框,如图8-17所示。

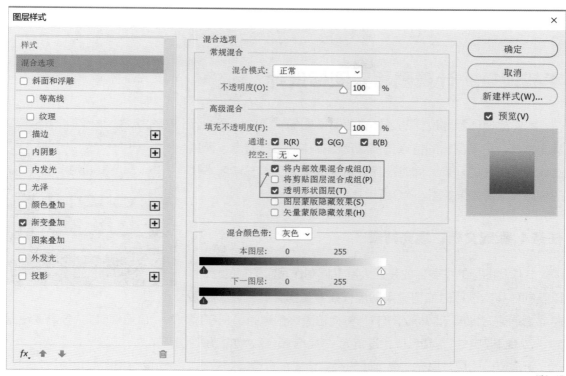

图8-17

任务 3 为电话添加效果

选择电话图层，分别添加"内发光""渐变叠加""投影"图层样式，打造电话的立体感和水晶质感，其中投影添加两次，一个投影作为投射投影，一个作为闭塞投影，这样投影更加具有层次感。在电话图层上方添加两层椭圆形状，调节形状属性面板中的羽化，使形状边缘变得柔和，填充浅蓝色，设置图层混合模式为"叠加"。最上层的圆形要小于下层的圆形，两层圆形叠加制作出电话的高光效果，如图8-18所示。

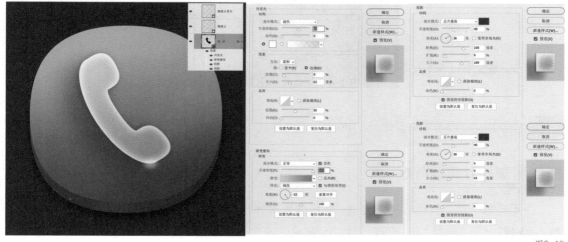

图8-18

使用矩形工具组中的工具制作高光，可以根据不同颜色的图标改变高光的色调。

实战项目2 计算器写实图标设计

本实战项目需要设计的是计算器写实图标，最终效果贴近
真实物体。写实图标的特点是提炼真实物体的主要特点，模拟
立体感和物体的质感，同时在保证真实的基础上做一些艺术化
的表达，最终效果如图8-19所示。

任务 1 新建文档，填充背景

制作此图标的主要目的是让大家掌握制作写实图标的思路，
以及制作写实图标时如何运用图层样式打造图标的立体感和质
感。为能更好地展示图标的细节，将文档大小创建为"1500像素×1500像素"，分辨率设置

图8-19

为"72像素/英寸"，颜色模式设置为"RGB颜色"，如图8-20所示。

新建空白图层，填充从亮到暗的径向渐变，打造光照效果。将渐变背景图层转换为智能对
象，添加智能滤镜，执行"滤镜→杂色→添加杂色"命令，添加单色杂色，为背景增加质感，
如图8-21所示。

图8-20

图8-21

将图层转换为智能对象图层，添加的滤镜为智能滤镜，可以随时修改滤镜参数。

任务 2 制作计算器背板

使用矩形工具，按住Shift键绘制1000像素×1000像素的正方形，在形状属性面板中设置
4个角的弧度，弧度大小不固定，可以根据具体效果进行设置，这里设置弧度为"200像素"，

为背板设置弧度会使图标更加柔和。双击圆角矩形图层，添加"渐变叠加"图层样式，为背板添加颜色。根据背景明暗效果，为圆角矩形添加由浅至深的线性渐变。添加"斜面和浮雕"图层样式，为背板添加厚度。添加"内阴影"图层样式，进一步增加背板厚度，如图8-22所示。

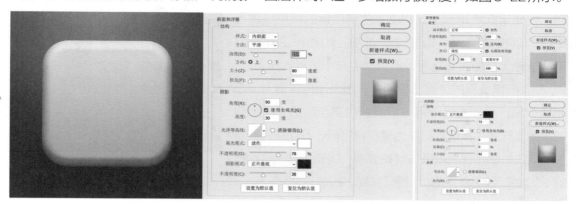

图8-22

　　添加两次"投影"图层样式，增加背板与背景之间的空间感和立体感。置入斑驳素材，设置图层混合模式为"正片叠底"，降低图层不透明度，将其剪贴到背板上打造斑驳感，如图8-23所示。

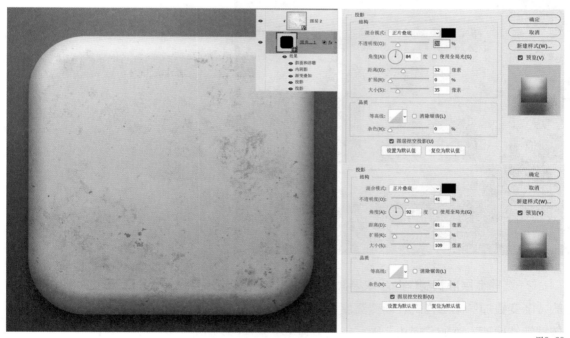

图8-23

提示 背板添加了"渐变叠加"图层样式，若想显示斑驳的纹理，则需要取消勾选图层样式面板"混合选项"中的"将剪贴图层混合成组"复选框，勾选"将内部效果混合成组"复选框。

任务3 制作计算器按键

　　每一个按键的背板效果都是一样的，唯一不同的就是中间的图案，所以针对按键的制作，只需要做出一个样本，复制替换中间的图案即可。这样不仅可以减少工作量，还能保证元素之间的统一性。在进行按键制作前，为了确定每个按键的大小和整体布局，先使用圆角矩形工具将基本内部按键的框架搭建出来，确认按键的大小和按键的布局，如图8-24所示。确认按键大小和布局之后，选择其中一个进行制作。

① 制作按键的外层凹槽部分。因为图标环境为顶部光照效果，所以先给外层背板添加由亮至暗的"渐变叠加"图层样式。按键的材质为硬塑料质感，可以在外侧添加"描边"图层样式增强按键轮廓感，同样结合光照给按键添加由亮到暗的"描边"图层样式，如图8-25所示。

图8-24

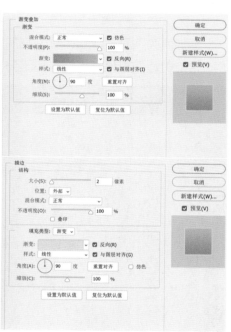

图8-25

② 选择上层形状制作凸起效果。为了使按键的凸起感更明显，可以给图像添加由亮到暗的"渐变叠加"图层样式，渐变亮度要比外轮廓亮一些。添加"斜面和浮雕"图层样式，为按键塑造厚度。添加"描边"图层样式增强按键立体感，添加"内发光"图层样式，制作按键反光效果，如图8-26所示。

③ 添加"投影"和"外发光"图层样式，其中"外发光"图层样式做阴影，进一步增强阴影的层次感和整体的立体感，如图8-27所示。使用圆角矩形工具在按键上方绘制线框，在形状属性面板中调节羽化值，将描边虚化并添加图层蒙版进行过渡处理，通过线框的搭建增强按键的质感。使用矩形工具绘制数学符号"+"，并添加"内阴影"和"投影"图层样式模拟凹陷效果，如图8-28所示。

④ 复制制作的按键，按照之前的布局分别替换成当前效果按键，并修改中间的数学符号。注

意,"="按键与其他计算按键长度和颜色都不同。使用直接选择工具将按键拉长,注意不要直接使用"自由变换"命令进行拉长,否则会导致按键的圆角改变。将对应的描边和图像的渐变叠加的颜色调整为浅红到暗红的渐变,投影的颜色也对应调整为偏暗红色以符合环境氛围,如图8-29所示。

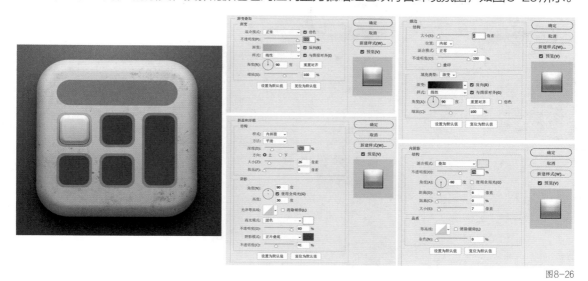

图8-26

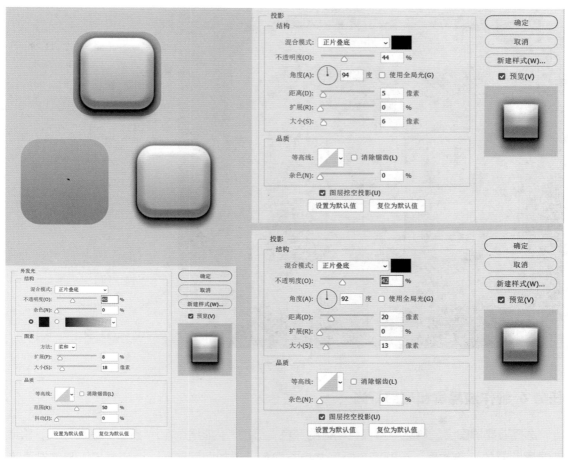

图8-27

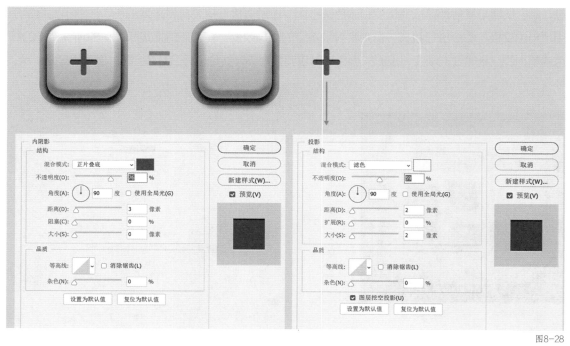

图8-28

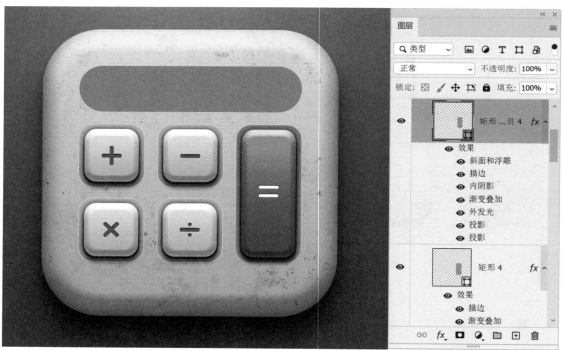

图8-29

任务 4 制作液晶屏和底部灯光

选择液晶屏图层，填充与背景色相近的深色，添加"内阴影"和"投影"图层样式，营造液晶屏背景的凹陷效果。绘制圆角矩形并填充白色，添加图层蒙版，使用画笔工具绘制高光过渡效果，使用横排文字工具输入数字，使计算器更加真实，如图8-30所示。

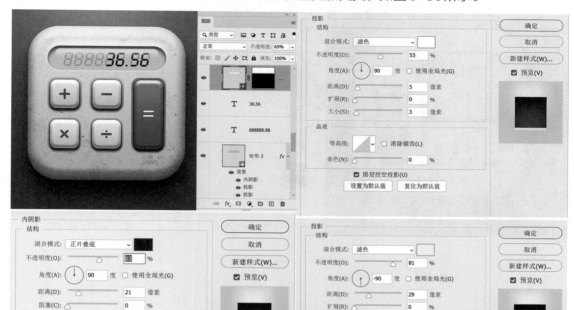

图8-30

在底部使用圆角矩形工具绘制圆角矩形，添加"外发光"图层样式打造发光效果。分别在背板下层和上层添加浅蓝色圆角矩形，利用属性面板羽化形状，将图层混合模式设置为"叠加"，打造环境光，如图8-31所示。在所有图层的上方添加曲线调整图层，增强按键整体明暗对比，如图8-32所示。

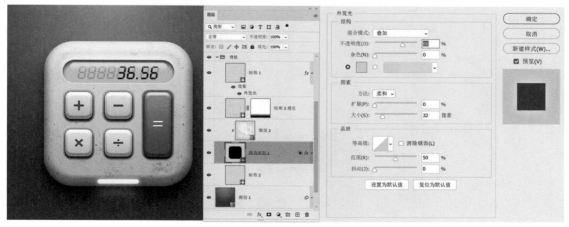

图8-31

113

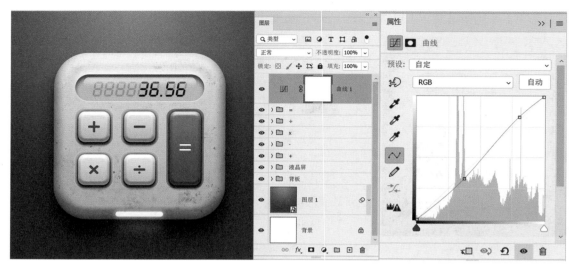

图8-32

本课作业 制作相机写实图标

作业要求

按照要求制作写实风格的相机图标，文档尺寸为"1500像素×1500像素"，图标大小为"1000像素×1000像素"，颜色模式为"RGB颜色"，参考效果如图8-33所示。

图8-33

作业要点提示

步骤1　新建尺寸为"1500像素×1500像素"的文档，给背景图层填充径向渐变并将其转为智能对象，添加杂色，增加背景质感。

步骤2　使用圆角矩形工具和椭圆工具绘制相机的基本结构，其中，中间镜头部分一共由5个圆形组成。

步骤3　为图标大背板添加图层样式，制作厚度和细节。添加"斜面和浮雕"图层样式，制作背板凸起；添加"渐变叠加"图层样式，打造背板光照方向；增加"内阴影"图层样式，增强两边厚度；添加两层"投影"图层样式，增加背板与背景之间的空间感。

步骤4　在"图层样式"对话框混合选项中勾选"将内部效果混合成组"复选框，取消勾选"将剪贴图层混合成组"复选框。绘制绿色矩形，剪贴到背板上制作绿色部分，绘制一根直线并添加亮色投影制作凹槽，复制多个制作相机下部的凹槽线。使用矩形工具绘制彩条并剪贴到相机机身上部，增加相机细节感。

步骤5　选择外圈镜头添加"斜面和浮雕""渐变叠加""投影"图层样式，打造摄像头立体感。选择第二层添加"斜面和浮雕""渐变叠加""内发光""阴影"图层样式，打造第二圈立体感。选择第三层添加"斜面和浮雕""渐变叠加""内阴影"图层样式，制作中间深色部分。选择第四层添加"渐变叠加""内阴影""内发光"图层样式，利用椭圆工具绘制光斑，制作玻璃质感。选择中间小圆添加"内发光""渐变叠加"图层样式，同样利用椭圆工具绘制光斑，打造玻璃质感。

步骤6　使用椭圆工具绘制闪光灯。闪光灯由两个圆组成，外圈添加"斜面和浮雕"和"渐变叠加"图层样式，内层圆形添加"渐变叠加""内阴影""内发光""描边"图层样式，同样使用椭圆工具绘制光斑，模拟灯光反光效果。

第 **9** 课

启动页设计实战

启动页的作用是向用户介绍App的功能和用法，同时启动页还有广告的作用，有时是以单张静态或动态海报的形式来展示，有时是以系列海报的形式来展示。如何设计海报能让用户在打开App的第一时间就被吸引，这非常考验设计师的排版能力和对用户心理的了解程度。

实战准备 启动页基础知识

作为设计师，如何才能巧妙而富有创意地结合图形、图片、文字、图标以及logo等元素，设计出让用户眼前一亮，忍不住想要尝试的启动页呢？下面介绍什么是启动页，以及启动页有哪些表现形式。

知识点 1 启动页设计概念

启动页就是用户打开App时第一眼看到的页面（进入App首页之前的等待页面）。

当用户打开App时，系统需要对App内的图片、视频等素材进行加载。加载素材是需要时间的，为了降低用户等待的焦虑感，给用户一次友好的体验，启动页就应运而生了，如图9-1所示。启动页是一个过渡页面，依照App的内容加载速度，启动页显示时间的长短不同，大多在3秒内完成，因此启动页也被称为"闪屏"。

图9-1

知识点 2 启动页的表现形式

尽管启动页的显示时间有限，但很多企业还是会利用这个机会做一些营销。根据展示内容的不同，可以将启动页划分为常规启动页、广告启动页、活动启动页和节日启动页。

1. 常规启动页

启动页的显示时间虽然很短，但是可以将信息迅速传递给用户。启动页的作用，首先是品牌的植入，所以常规启动页的展示内容一般有品牌颜色、logo、名称、宣传语、版权信息等，配色的主色以品牌颜色为主，不宜做过多复杂花哨的设计，如图9-2和图9-3所示。

天下好货 一手掌握

图9-2   图9-3

2. 广告启动页

广告启动页以产品和品牌推广为主，页面表现要根据产品和品牌的视觉特征来确定。广告启动页内容明确，信息简练，展示的内容一般为第三方广告页面（通常以海报形式展示）、产品logo、关闭/跳过/倒计时图标等，如图9-4和图9-5所示。

在设计广告启动页时，应突出要宣传的产品本身。例如图9-4和图9-5同样都是广告页，但二者的风格有很明显的不同。图9-4所示是科技产品广告，在视觉表现上主要体现科技感；图9-5所示是化妆品广告，主题是体现品牌质感，以黑金色调为主，体现产品的高档，标题文字的字体也是以更能体现精致感的衬线体为主。

3. 活动启动页

活动启动页的视觉表现与海报设计类似，都是根据活动特点去表现。活动启动页展示的内容一般为产品logo、关闭/跳过/倒计时图标等，如图9-6和图9-7所示。

图9-4

图9-5

图9-6

图9-7

在设计活动启动页时，应注意体现出活动的风格。例如图9-6所示活动启动页的主题是"7.19爽购节"，页面风格就以清爽的蓝色调为主，图9-7所示活动启动页的主题是"美食在路上·嗨翻小长假"，页面设计就以城市交通为背景，将产品与城市旅游相结合。

4．节日启动页

设计节日启动页时，常使用插画风格，这种风格从内容上贴近用户生活，从视觉表现形式上给人亲切的感觉，能拉近用户和产品之间的距离，从而留住用户。

节日启动页展示的内容一般为节日（节气）活动、产品logo、关闭/跳过/倒计时图标等，如图9-8和图9-9所示。

图9-8

图9-9

设计节日启动页时应突出节日（节气）的特点，例如图9-8所示页面的主题是"春分"，画面氛围就营造了一种春意盎然的感觉；而图9-9所示页面是以"端午"为主题，画面的内容主要以与端午有关的粽子为主体物。

实战项目1 "冬奥会"活动启动页设计

此启动页以冬奥会为主题，因此在页面表现上以滑雪场景作为页面背景，画面没有太多的内容，主要突出日期和宣传语，让用户更有代入感。文字排版采取垂直居中的形式，画面更加稳重。最终效果如图9-10所示。

图9-10

任务 1 新建文档，填充背景

此启动页基于手机端，这里将启动页尺寸设置为手机屏幕常用的尺寸"1080像素×1920像素"，分辨率设置为"72像素/英寸"，颜色模式设置为"RGB颜色"，如图9-11所示。

置入滑雪人物场景素材，在滑雪素材下方新建图层，填充与天空颜色相近的线性渐变背景。选择滑雪人物图层并添加图层蒙版，利用黑色到黑色不透明渐变编辑图层蒙版上方，使得背景与滑雪场景天空更加融合。增加上部天空空间，在滑雪人物图层上方添加曲线调整图层，将雪地下方提亮，如图9-12所示。置入雪地素材，增加雪地面积，在雪地素材上方添加曲线调整图层，使雪地亮度与上方滑雪人物图层亮度保持一致。选择滑雪人物图层蒙版，编辑图

图9-11

层蒙版下方，使滑雪人物图层与下方雪地素材更好地融合，如图9-13所示。

图9-12　　　　　　　　　　　　　　　　图9-13

任务 2　添加主标题和辅助信息

使用横排文字工具分别输入"2022""怀揣夺冠梦想"和"乘风启航缔造辉煌"，分别给文字设置不同的大小拉开级差。

将文字倾斜，文字的倾斜方向与下方人物动态方向一致，增强画面动感。

"2022"使用较大字号，突出日期。为了增加文字与背景的空间感，在"2022"图层上方新建图层并剪贴到数字图层，使用与背景颜色接近的画笔在文字上方涂抹，制作文字相压的效果。

图9-14

"怀揣夺冠梦想"作为主标题放置在"2022"下方，注意与下方人物头部之间的空间关系，使得图片与文字更加融合。为了使文字与背景拉开距离，添加"投影"和"描边"图层样式，给下方副标题"乘风启航 缔造辉煌"也添加"投影"和"描边"图层样式。然后在画面的下方添加辅助文字并设置文字"北京·张家口"颜色为蓝色，与上方色调呼应，在头部中间位置添加logo，效果如图9-14所示。

任务 3 营造画面氛围

在文字图层和背景上方新建空白图层，填充纯黑色，执行"滤镜→渲染→镜头光晕（105毫米聚焦）"命令，将图层混合模式设置为"滤色"，为画面添加光晕效果，增加画面氛围感。

添加曲线调整图层增强画面明暗对比，添加渐变映射调整图层，将图层混合模式设置为"柔光"，图层不透明度设置为"20%"，增强画面冷暖对比。创建盖印图层，执行"滤镜→其他→高反差保留"命令，将图层混合模式设置为"柔光"，增强画面质感，如图9-15所示。

图9-15

实战项目2 短视频平台启动页设计

此启动页为视频分享活动宣传，选择人物素材作为主体物，因为人物素材在运营设计中一般更能吸引用户。

当前比较流行的风格是使用单一的图片素材，配合不同形状的色块，这种设计既简洁又色彩丰富，更能让用户将视觉关注点放在主体物上。短视频平台启动页的最终效果如图9-16所示。

图9-16

123

任务 1 新建文档，填充背景

此启动页基于手机端，这里将启动页尺寸设置为手机屏幕常用的尺寸"1080像素×1920像素"，分辨率设置为"72像素/英寸"，颜色模式设置为"RGB颜色"，如图9-17所示。

为了使人物更好地融入场景，新建空白图层，填充粉红色，置入网格素材，增加背景的质感，如图9-18所示。

任务 2 搭建主体物

置入人物素材，人物原素材颜色饱和度过高，亮度不够，色调有些偏冷。这里在人物素材图层上添加色相/饱和度

图9-17　　　　　　　　图9-18

调整图层，降低其饱和度；添加色彩平衡调整图层，增加红色和黄色，使画面色调偏暖；添加曲线调整图层，增加画面亮度，如图9-19所示。

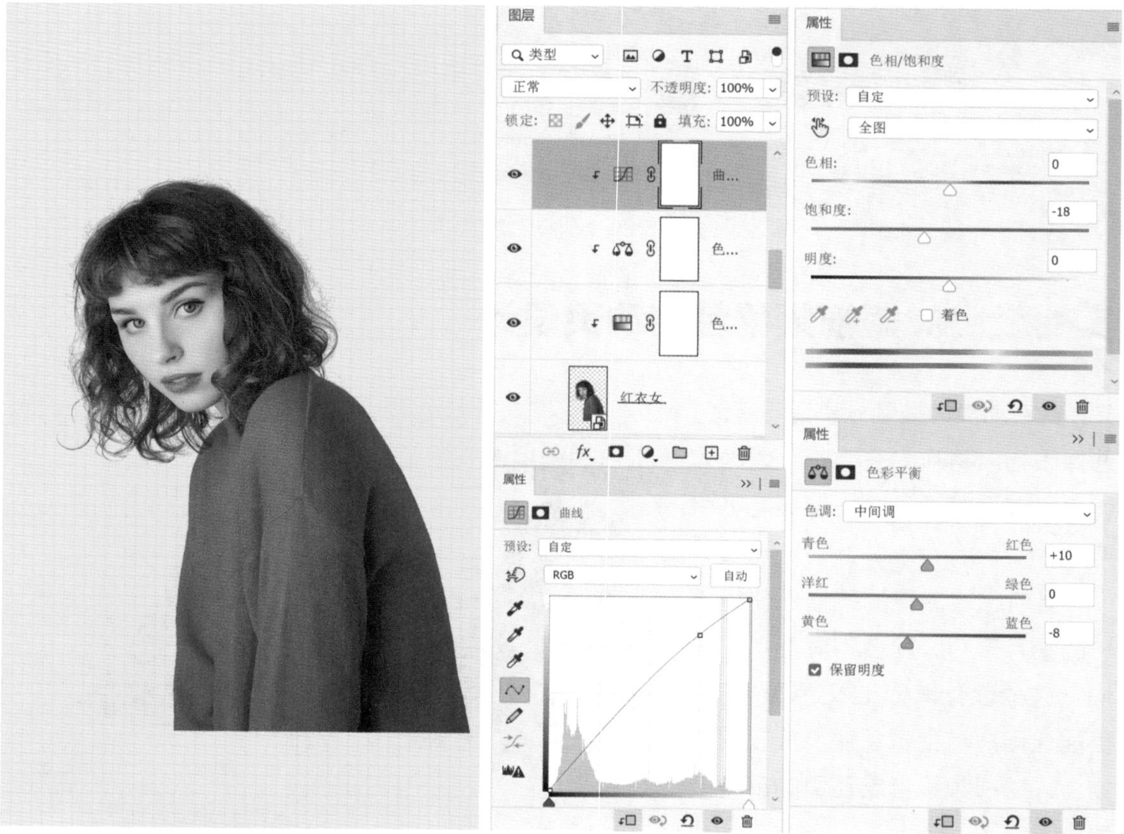

图9-19

置入飞白素材并将其放置在人物图层上层，增加画面的层次，这样可以在不放大人物的基础上保证素材的完整。使用自定形状工具绘制不规则色块，进一步丰富背景和色调，如图9-20所示。

选择人物素材图层，向下复制一层，添加"颜色叠加"图层样式将人物变为纯白色，向右移动10像素，将人物与右侧背景区分出来，添加图层蒙版将多余的部分遮挡。再向下复制一层人物图层，添加"图案叠加"图层样式，创建波点效果，向左向下移动一定位置，拉开人物左侧与背景的空间，增加画面细节，如图9-21所示。

图9-20　　　　　　　　　　　　　　　　　　　　　　　　图9-21

提示　使用人物副本图层制作波点效果时，将图层填充设置为"0%"，这样在添加"图案叠加"图层样式时，只会显示波点效果，而不会显示人物形象。

任务3 添加文案和点缀元素

使用横排文字工具添加主标题"记录瞬间精彩"及副标题"让世界看到你的精彩"，通过文字字体和字号拉开文字的级差关系，使用英文手写体进行点缀，增加文字排版的动静对比，如图9-22所示。

使用自定形状工具添加一些不规则形状，增强画面氛围感。置入启动页的跳转提示按钮、轮播提示点和logo，创建盖印层并执行"滤镜→其他→高反差保留"命令，将图层混合模式设置为"柔光"，增强画面质感，如图9-23所示。

提示　启动页的品牌logo多在底部空白位置显示，这种排版形式更稳定，同时也符合用户的浏览习惯。页面下方带有轮播提示点的一般为系列启动页。

图9-22

图9-23

本课作业 制作短视频启动页的系列海报

作业要求

参考实战项目2，利用图9-24中的素材和文案进行系列衍生海报设计。海报的尺寸为"1080像素×1920像素"，分辨率为"72像素/英寸"，颜色模式为"RGB颜色"，参考效果如图9-25所示。

图9-24   图9-25

作业要点提示

步骤1　按指定参数新建文档，填充浅黄色背景并置入网格素材，添加"颜色叠加"图层样式，将网格颜色填充为与背景相近的颜色。

步骤2　置入人物素材和飞白素材，将飞白图层放置在人物图层下方。在人物图层下方添加色块丰富背景。

步骤3　复制两层人物图层，分别为图层添加"颜色叠加"和"图案叠加"图层样式，根据人物的脸部朝向将"颜色叠加"层向左移动，波点"图案叠加"层向右移动。

步骤4　使用横排文字工具添加主标题和辅助文字，使用自定形状工具绘制不规则形状活跃画面氛围。

步骤5　添加logo和轮播提示点，以及跳转提示按钮。

第 **10** 课

网页设计实战

网站是企业的"门面",可以提升企业品牌形象。企业网站通过互联网,可以低成本、高速度地把产品或服务信息发往全世界的每个角落。企业的产品资料、服务项目、联系方式、地址,甚至是支付方式,都可以通过企业网站找到。通过网站,企业能更好地服务用户并节省营销成本。

实战准备1 网站设计相关知识

网页设计稿的质量决定了程序员最后制作出的网页效果。再好的设计稿，如果没有被制作成网页，也只是一张漂亮的图片。一个好的设计稿要被制作为一个让用户使用顺畅、舒适的网站，一些关于网站的知识是网页设计师必须要掌握的。

知识点 1 网站的分类

网站按应用类型可分为机构企业类、推广展示类、电子商务类、多媒体互动类、综合门户类、社交互动类、搜索引擎类等。

大部分的企业官网都属于机构企业类，如图10-1所示。以宣传企业某一活动或产品为目的的网站及个人网站属于推广展示类，如图10-2所示。以用户购物为目的，可以进行网上交易

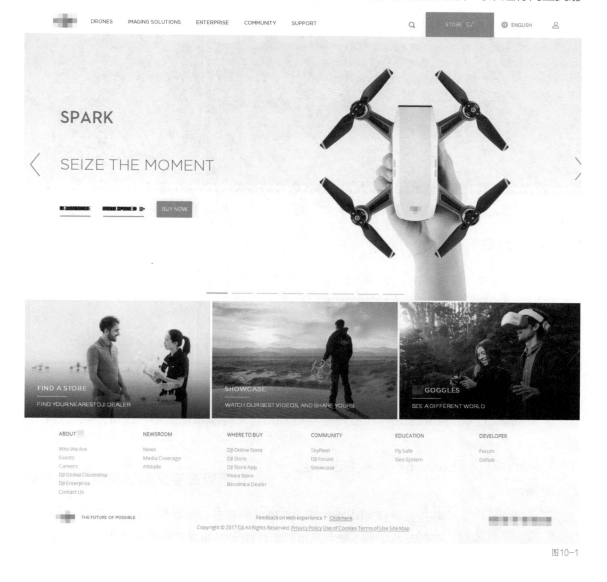

图10-1

的网站属于电子商务类，如淘宝网等。以视频展示为主的网站属于多媒体互动类，如爱奇艺、优酷等。包含新闻、娱乐、科技、农业等多方面内容的网站属于综合门户类，如新浪网、搜狐网等。以交流信息和知识为目的的网站属于社交互动类，如微博、知乎等。用于检索信息的网站属于搜索引擎类，如百度、谷歌、必应等。

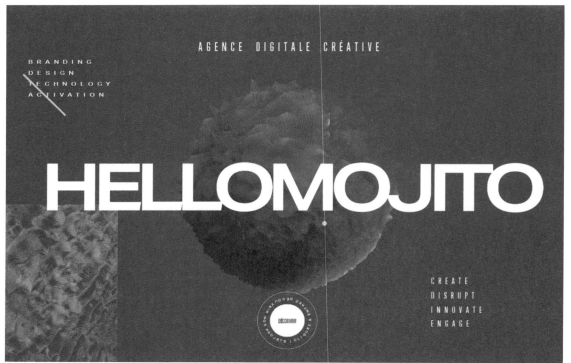

图10-2

知识点 2 网站的布局

按照浏览形式，网站的布局大致可分为以下4种。

▌ 垂直布局：大部分网站常用的布局形式。

▌ 水平布局：多用于展示类型的网站。

▌ 流式布局：多用于设计分享类型的网站。

▌ 视差滚动布局：多用于交互性比较强的设计类或创意性网站。

按照网页展示的内容，网页一般可以划分为以下4个部分。

▌ 头部区域（top或header）：主要内容有logo、主导航、搜索框、注册按钮、登录按钮等。

▌ 视觉主体区（banner）：相关展示内容，一般展示公司品牌形象、新品宣传、主题活动等轮播大图。

▌ 主要内容区（main）：展示的内容一般为新闻动态、产品与服务、公司介绍等。

▌ 底部信息区（footer）：展示的内容有网站地图、联系方式、版权信息、ICP备案号等。

知识点 3 网站的尺寸和文字规范

创建网站的文档一般以像素为单位，分辨率为"72像素/英寸"，颜色模式为"RGB颜色"。网页的尺寸一般以常用的计算机显示器的分辨率为依据，如图10-3所示。结合用户群的分布，设计师通常会为网站设置一个标准尺寸和一个常规尺寸。

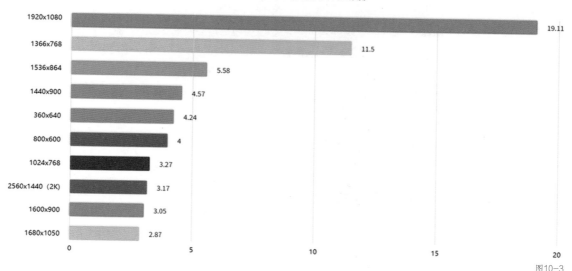

图10-3

▎标准尺寸为1024像素×768像素。由于浏览器会占用屏幕的一部分尺寸，因此需要将内容区域的宽度设置为小于等于1000像素，首屏高度为600像素至700像素，如图10-4所示。在这个尺寸下，大部分的网站能够完全显示。

▎常规尺寸为1920像素×1080像素。由于浏览器会占用屏幕的一部分尺寸，因此需要将内容区域的宽度设置为1200 ~ 1440像素，首屏高度设置为750 ~ 1000像素，如图10-5所示。这个尺寸是时下应用较广泛的尺寸。

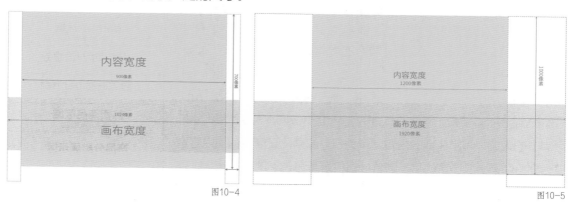

图10-4

图10-5

提示 首屏高度指的是打开页面时，默认情况下所能看到的全部内容的高度。

根据展示类型，网站的文字可以划分为图形化文字和系统文字。

▎ 图形化文字：图片上的应用文字、标识文字等。

▎ 系统文字：文本工具属性中aa小图标设置为"无"（代表无特殊效果），一般应用在正文内容、新闻标题、导航等后台更新的文字内容中。

根据系统设置的不同，网页文字在字体选择上有不同的规范，不同板块文字的大小规范也不同。

网页中常见的字体分为中文字体和英文字体，中文字体包括宋体、苹方、微软雅黑等，英文字体包括Arial等。

关于文字大小的规范，不同位置文字的大小设置有所不同。

中文文字的大小一般设置为12 ~ 18像素，如果文字大小大于18像素则需要选择微软雅黑、苹方等非衬线体（宋体等衬线体在样式设置为"无"时锯齿会比较明显）。不同区域的文字大小规范如下。

▎ 正文内容：12 ~ 18像素。

▎ 栏目标题、主导航等需要突出的文字：一般为14像素、16像素和18像素。

▎ 辅助信息：12像素。

英文文字的大小一般设置为12 ~ 16像素。需要注意的是，纯英文网站最小的文字大小为10像素。

实战准备2 电商网站相关知识

电商网站是目前常见的一种网站类型，在网络环境下，用户可以通过在线电子支付的形式进行交易。

根据交易对象的不同，可以将电商分为4类：B2B为商家面向商家进行交易的网站，如阿里巴巴；B2C为商家面向个人进行交易的网站，如天猫；C2C为个人面向个人进行交易的网站，如淘宝；O2O为线上面向线下进行交易的网站，如美团。

这里主要针对淘宝电商进行讲解。设计电商网站除了要遵循网站设计的一些基本规范外，淘宝电商页面设计还有其特有的板块划分和尺寸规范。

知识点 1 电商网站结构划分和尺寸规范

电商网站店铺的主页面根据功能可以划分为以下几个板块，如图10-6所示。

▎ 店招 + 导航的高度为150像素，其中店招的高度为120像素，导航的高度为30像素。网页的页面宽度为1920像素，内容宽度即用户可点击的区域，淘宝店铺的内容宽度为950像素，天猫店铺的内容宽度为990像素。应注意的是，随着计算机屏幕分辨率的不断增大，电商页面尺寸也有所变化，用户也有了更多可选择的尺寸。在设计网站时应留意平台方的最新要求，目前常用的内容宽度尺寸为1200像素。

店招 + 导航的内容一般有店铺品牌logo、广告语、收藏按钮、二维码和活动链接等，如图10-7所示。

店招+导航
店内其他宣传banner可贯穿其他板块
banner区域
注意文案的策划
店内活动/优惠券
爆款商品 banner
一列重点展示一款
热卖商品区域
一列展示两到三款
产品分类展示区
客服区
板块中部或者侧边栏
常规列表
一列展示多款产品
底部区域
收藏、关注、返回顶部

图10-6

图10-7

▌ banner区域的高度一般在600 ~ -1000像素，宽度可以为通栏的1920像素，其主要内容尽量不要超出1200像素。本区域的表现形式一般为合成设计或者手绘风格，C4D的风格也被广泛应用。

▌ 店内活动/优惠券多在店铺banner下方或包含在banner内容中，表现形式根据店铺风格进行设计。

▌ 爆款商品banner的高度不是固定的，一般用于展示店铺爆款产品，展示产品数量为1 ~ 3个不等。

▌ 热卖商品区域的高度不是固定的，一般用于展示店铺销量比较好的产品。

▌ 产品分类展示区一般以标签、文字或代表性产品图片的形式呈现，类别的多少根据店铺产品种类来设定。

▌ 客服区用于客户联系店内客服，客服区的位置是不固定的，可以根据页面安排进行放置。有时客服区会以浮动窗口的形式放置在页面的左右两侧。

▌ 常规列表一般用于分类展示店铺内的产品，它的高度不是固定的，一行包含3 ~ 4个产品，一个类别使用1 ~ 3列最佳。

▌ 底部区域高度不定，展示的内容一般为导航地图或者企业logo、二维码等。

提示 版面展示内容不是必须全部展示，设计师应根据客户的需求灵活组合。

知识点2 详情页

对于电商网站来说，除去主页面外，产品的详情页是能够激发客户购买欲望的关键性因素。对于淘宝店铺，详情页也有其固定的尺寸要求和特定展示内容，包括关联营销、活动区、产品banner区、整体展示区、细节展示区、模特实拍区（产品实拍区）、售后保障，如图10-8所示。

详情页的展示内容宽度天猫为790像素，淘宝店铺为750像素（请留意平台方最新要求），内容高度不定，主要针对产品进行展示，例如细节内容的展示。产品的类别不同，页面所展示的内容也不同，其中关联营销、活动区并不是必须要有的。

图10-8

实战项目1 "美好生活家具"企业网站设计

此网站类型为企业官网，企业官网是企业的名片，网页中大多展示企业的经营领域和企业的核心产品。

"美好生活家具"是一家以家具售卖和生产为主的企业，因此在页面内容上多以展示产品和企业经营主项为主。在进行设计之前，产品经理提供了网页设计的线框图，如图10-9所示，设计师应根据需求，结合线框图进行设计。企业的页面风格和色调可以根据企业行业属性和企业logo进行设计。本实战项目的最终效果如图10-10所示。

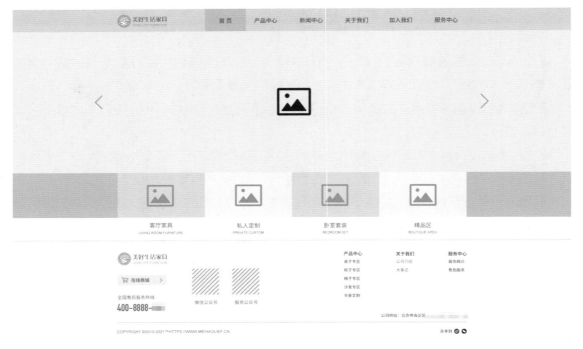

图10-9

图10-10

提示 线框图是产品经理根据需求分析，使用简单的色块、文字和线条将页面结构规划出来的一种图纸，产品经理会将线框图提供给设计师，由设计师根据网页的结构进行视觉设计。

任务 1 新建文档，制作导航和 banner

① 新建文档。

网页的尺寸是由屏幕分辨率决定的，屏幕的尺寸有很多种，本实战项目选择网页的常规尺寸进行设计。这里将文档尺寸设置为"1920像素×1000像素"（此为暂定高度，设计中会根据内容的多少适时调整高度），颜色模式设置为"RGB颜色"，分辨率设置为"72像素/英寸"，内容宽度设置为1200像素，首屏高度设置为750像素，导航高度设置为80像素，如图10-11所示。

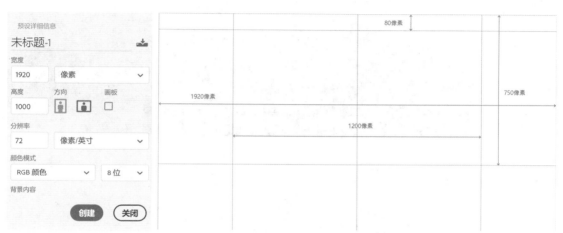

图10-11

② 搭建导航。

结合建立的参考线搭建导航，导航高度为80像素。置入企业logo，logo位置可以摆放在内容范围内的左侧、右侧、中间，摆放在右侧的形式比较少见，不太符合用户的浏览习惯。根据当前企业logo的结构形式，将logo摆放在1200像素内容范围左侧。

从线框图中提取导航文字，摆放在logo的右侧，以内容范围右侧参考线为基准，将导航文字以相同的间距从右到左放置，导航文字不宜过大，一般在14～20像素，这里将文字设置为20像素。网站颜色可以从logo标准色中提取，这里将点击交互提示颜色设置为logo的橙色，如图10-12所示。

图10-12

提示 导航是对整个网站的板块的引导提示及板块的入口，通过导航可以让用户了解整个网站包含哪些主要板块。企业网站的常见板块有"产品中心""新闻中心""关于我们"，其他板块可根据企业需求进行设置。

③ 制作banner。

banner是整个页面中最吸引人的部分，多以轮播的形式进行展示，展示内容可以是产品、企业理念、活动宣传等。banner的高度一般为400～600像素，这里将banner的高度设置为510像素。网站banner不需要设计得太过复杂，这里使用与企业相关的产品场景图作为背景，让用户更有代入感。绘制与背景接近的咖色色块并设置图层混合模式为"正片叠底"。排版广告语时，直接排文字会显得凌乱，添加色块可以使标题更突出。使用自定形状工具在左右两边添加切换按钮，设置两种状态：一种是点击状态，另一种是未点击状态。进行文字排版时，通过文字大小和颜色拉开文字级差，添加英文丰富文字排版层次。效果如图10-13所示。

图10-13

任务2 搭建首页

首页是展示企业网站精华的地方，也是吸引用户浏览网页的关键性内容。因此在首页的内容板块多呈现企业最想让用户知道的内容。

结合线框图将主题内容等分为4个板块，每个板块的宽度为300像素，每个板块的高度为160像素（首屏高度750像素减去导航高度80像素和banner高度510像素）。使用矩形工具绘制4个矩形色块占位，将对应图片剪贴到色块中，保证每个板块图片显示范围一致。在下方输入对应的内容标题，搭配相应的图标，丰富标题内容。在第二个板块标题部分使用矩形工具绘制指示色块，演示点击或者鼠标滑过时的交互效果。首页搭建完成后的效果如图10-14所示。

图10-14

提示 4个板块的图片在嵌入时，注意每个板块图片的明度和色调应保持一致，如不一致，应结合实际效果进行调整。每个板块的尺寸尽量为偶数，这是因为代码是以偶数进行计算的。

任务3 制作底部区域

底部区域一般摆放导航地图、联系方式、版权信息、ICP备案号等信息，具体根据内容需要选择性排版。这里将导航中主要的板块二级内容展示出来，企业logo也再次在底部显示，进一步加深企业认知度，将售后热线进行突出显示，增强底部排版的层次感，通过不同的间距和文字大小将内容主次区分出来。使用自定形状工具在底部绘制浅灰色背景，将版权信息和关联链接单独排放，同时搭配色条与上方呼应，如图10-15所示。

图10-15

实战项目2 "美好生活家具"电商网站专题页设计

电商网站和企业网站的不同在于，电商网站以销售产品为主要目的，主要内容为产品展示，同时要体现出价格和优惠活动。在进行页面设计前，要进行前期线框图的规划。线框图可以使设计更加具有目的性，帮助设计师更好地进行画面的统一设计，如图10-16所示。专题页围绕某一主题进行设计，网页的色调可以根据主题设置，也可以提取logo标准色作为主色调。此电商专题页的主题为"3月暖暖生活节"，在颜色设置上应以暖色调为主。页面布局以线框图为依据，进行页面统一布局设计，最终效果如图10-17所示。

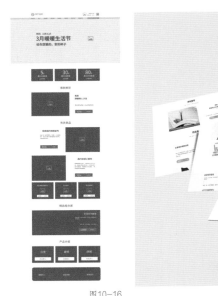

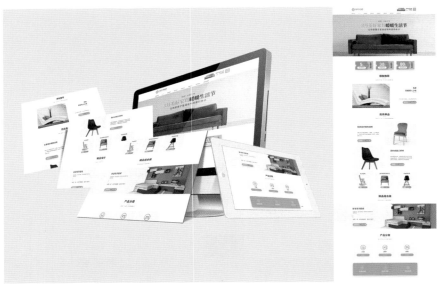

图10-16

图10-17

任务 1 新建文档，制作店招、导航和 banner

① 新建文档。

此实战项目为天猫店铺专题页，结合线框图的高度，这里将网页大小暂时设置为"1920像素×5000像素"，高度可根据实际需要实时调整，颜色模式为"RGB颜色"，分辨率"72像素/英寸"。内容宽度为1200像素，banner高度为800像素，店招高度为120像素，导航高度为30像素，如图10-18所示。

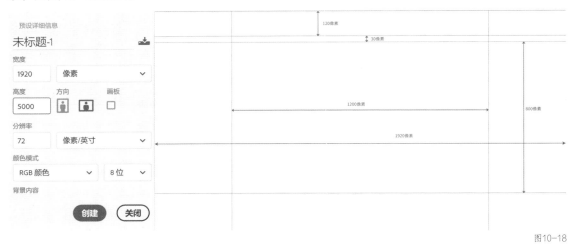

图10-18

② 制作店招和导航。

结合参考线置入logo，这里将logo放置在店招范围内，同样放置在页面内容的左侧，右侧放置关联营销产品和"点击收藏"按钮。电商网站更多应体现产品和价格，这里通过不同的字体大小和颜色突出价格。

下方为导航部分，导航一般为产品展示，产品分类展示可以满足消费者不同的需求，而搜索框可以帮助消费者快速检索产品。导航文字不宜过大，这里设置导航文字大小为16像素。以参考线为依据，将导航内容以等距的形式输入，将当前显示状态颜色设置为logo颜色。使用矩形工具绘制搜索框，搜索框的高度不要超过30像素，如图10-19所示。

图10-19

③ 电商banner设计。

电商banner一般用于突出活动的主题和产品。"美好生活家具"的产品风格以简约为主，因此在页面风格表现上也以简约风格为主。这里以产品特写图作为banner背景，文字排版为垂直居中，这样可以使视觉更集中。

这里突出主标题"3月美好家具暖暖生活节"，选择衬线体文字更能体现产品的精致。副标题文字选择黑体，与主标题区分开，显得内容更有层次。日期在上，可以让消费者第一时间知道时间。选择标题图层，向下向右复制一层，将文字转换为形状并添加"描边"图层样式，增强标题层次感，如图10-20所示。

图10-20

任务 2 制作优惠券

在电商设计中，优惠券是比较重要的元素，通过发放优惠券可以刺激消费者购买，因此在设计时，优惠券经常放置在banner下方或者在banner内容中体现。

这里将优惠券布置在banner下方，优惠券应重点突出优惠额度，其次是规则。通过不同的文字大小和色块将主次区分出来。为了提高工作效率，可以先设计出一个优惠券样式，然后在其基础上制作其他优惠券。使用矩形工具绘制矩形，利用布尔运算制作票券的缺口，绘制同色系橘红色矩形并剪贴到下方橘黄色形状图层上，将数值和"立即领取"分开，同时也增加了优

139

惠券的细节。选择下方橘黄色形状图层，添加"阴影"图层样式，增强优惠券与背景之间的空间感。制作完一张以后，复制两张并将内容替换为对应的数值，将3张优惠券平均分布，3张优惠券的整体宽度不需要贴着1200像素边缘显示，只要足够突出就可以，如图10-21所示。

图10-21

任务3 制作页面内容

网站设计与海报设计的不同在于，板块之间的间距和板块标题样式要保持一致，同时按钮也要尽量保持一致，这样页面看上去才能更加统一。这里将每个板块之间的间距设置为100像素，统一板块标题样式，设置板块标题到内容的距离为60像素，这样板块划分就更明显和统一。

① "爆款推荐"板块制作。

根据线框图设计"爆款推荐"，可以将标题样式、按钮及内容排版作为模板。为了跟其他板块区分开，爆款产品的图片展示范围可以设计得更大一些。绘制矩形块规范图片展示范围，将产品图片剪贴到形状色块中，这样可以使图片排版更加规整。"立即购买"按钮上可以显示点击提示，同时添加价格显示，使价格更加突出。选择按钮最下层形状添加"投影"图层样式，增加细节度和页面的空间感，同时也将板块中的每部分区分出来，如图10-22所示。

图10-22

② "热卖单品"板块制作。

复制"爆款推荐"标题并根据之前设定的间距排版"热卖单品"标题，在页面中"爆款推荐"是主要的，其次是"热卖单品"。结合爆款区的排版，将热卖区产品进行左右穿插排版，这样在保持风格统一的基础上又有所变化。下方3个单品相对上方的两款产品热卖程度要弱一点，可以通过板块大小、内容的减少将其与上方产品区分出来，如图10-23所示。

热卖单品

HOT STYLE TO RECOMMEND

经典简约棉麻座椅

依据人体工程学测算每一个弧度，让人坐着更舒适。椅背实木整齐热压弯曲成型，工艺考究，纹理清晰，原木设计。

499¥ 立即购买 ❯

简约皮面三脚椅

椅身采用混合材质，内部由铝合金作为支架。外层由仿真皮材质组成，内部由高级树脂作为填充物。椅腿由松木实材组成，三角形的构造让椅身更稳定。

399¥ 立即购买 ❯

实木摇椅

199¥ 立即购买 ❯

简约棉麻四脚椅子

299¥ 立即购买 ❯

吧台高脚凳

169¥ 立即购买 ❯

图10-23

③"精品组合装""产品分类"及底部区域制作。

延续前面的规则，制作板块标题并排版内容。为了跟其他板块有所区分，"精品组合装"区域采用了通栏排版的形式，应注意主要内容还是要保持在内容范围内。为了使产品和背景融合在一起，使用图层蒙版结合选区工具将左侧墙体遮挡，显示为背景。

"产品分类"板块采用了图标结合文字的设计，使得内容与其他板块区分开，同时也丰富了版面的细节，增强了点线面的对比。

底部区域利用大色块作为背景，可以使底部内容更完整，同时也与其他部分的色调呼应。添加"返回顶部"按钮可以使消费者快速回到顶部，"收藏店铺"按钮可以提醒消费者收藏本店，消费者可以单击"所有宝贝"按钮快速查看店铺的所有产品，如图10-24所示。

图10-24

本课作业 设计Nasa服装公司官网

作业要求

　　根据图10-25所示线框图和提供的图片素材设计服装公司官网。页面尺寸要求宽度为1920像素，高度视实际情况而定，内容宽度为1200像素，颜色模式为"RGB颜色"，分辨率为"72像素/英寸"，参考效果如图10-26所示。

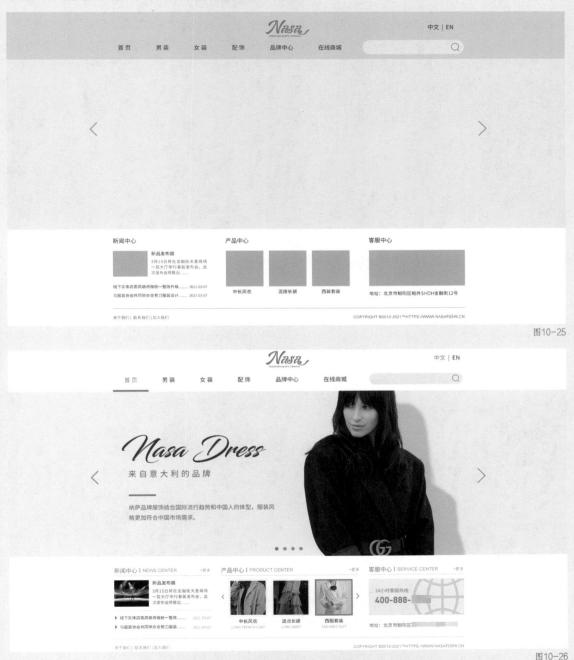

图10-25

图10-26

作业要点提示

步骤1　新建文档，尺寸为"1920像素×1000像素"，颜色模式为"RGB颜色"，分辨率为"72像素/英寸"。根据网页设计规范，建立参考线，设置内容宽度为1200像素，首屏高度为750像素。

步骤2　结合线框图设计导航，注意每个导航选项之间的间距保持一致。添加色条作为当前提示，同时丰富导航细节。

步骤3　结合导航高度和首屏高度设置banner高度为580像素。置入模特素材，向下复制一层，添加"颜色叠加"图层样式制作人物阴影，执行"滤镜→高斯模糊"命令羽化阴影。通过文字大小和不同字体进行banner文字内容排版，增加内容排版层次，使用自定形状工具绘制切换按钮和轮播提示点。

步骤4　以"新闻中心"板块的制作为模板，制作内容部分。统一板块标题样式，使用线条划分内容，保持每个板块之间的间距相同。根据内容的不同对每个板块进行不同形式的展现，丰富版面。底部区域通过线条与内容区域区分。